Über die postlarvale Entwicklung von Flöhen (Insecta, Siphonaptera) unter besonderer Berücksichtigung der sogenannten „Flügelanlagen"

Inaugural-Dissertation

zur

Erlangung der Doktorwürde

der

Mathematisch-Naturwissenschaftlichen Fakultät

der Freien Universität Berlin

vorgelegt von

Hans-Walter Poenicke

aus Jork, Kreis Stade

ISBN 978-3-662-40529-1   ISBN 978-3-662-41006-6 (eBook)
DOI 10.1007/978-3-662-41006-6

# Über die postlarvale Entwicklung von Flöhen (Insecta, Siphonaptera), unter besonderer Berücksichtigung der sogenannten „Flügelanlagen"

HANS-WALTER POENICKE

Institut für Angewandte Zoologie der Freien Universität Berlin
(Direktor: Prof. Dr. F. PEUS)

Eingegangen am 12. Februar 1969

On the Post-Larval Development of Fleas (Insecta, Siphonaptera), with Special Reference to the So-Called "Wing Buds"

Abstract. Lateral appendages on the mesothorax of flea pupae, regarded to be "wing buds" by SHARIF, have been found in species of the Ceratophylloidea investigated by other authors and me, but not in the Pulicidae. The appendages become basal parts of the mesepimeron which speaks against their wing character. Ecological data are given.

Inhalt

A. Einleitung 143
B. Material, Methode und Technik 144
  I. Herkunft des Materials 144
  II. Züchtung 145
  III. Behandlung des Materials 149
C. Zur Ökologie einiger Flöhe während ihrer Entwicklung 150
D. Eidonomie und Diagnostik der Puppen einiger Arten. Verteilung der mesothorakalen Anhänge über die Familien und Unterordnungen 153
E. Histologische Untersuchungen zur Ontogenese der Anlagen 160
  I. Die Entwicklung der Anlagen bei *Ceratophyllus gallinae* . . . 160
  II. Die Entwicklung der entsprechenden Thorax-Bereiche bei *Xenopsylla cheopis* 172
F. Diskussion 177
Zusammenfassung 181
Summary 182
Abkürzungen in der Beschriftung der Abbildungen 184
Literatur 184

A. Einleitung

Die Flöhe sind holometabole Insekten, die als Imagines keine Spur von Flügeln haben. SHARIF (1935) hat aber bei Puppen am Mesothorax Ausstülpungen der Epidermis entdeckt, die er als Flügelanlagen deutet. Später beschreibt SHARIF (1937a) auch kurz die Entwicklung dieser

Strukturen. Auch hat er schon festgestellt, daß nicht alle Flöhe auf dem Puppenstadium diese Anhänge haben.

Da ich es, wie ich dartun werde, bezweifle, daß diese Strukturen etwas mit Flügeln zu tun haben, verwende ich lieber den morphologisch neutralen Ausdruck „Anhänge".

In der vorliegenden Arbeit sollen Vertreter der in Deutschland vorkommenden Floh-Familien auf das Vorhandensein dieser Anhänge untersucht werden.

Da die Puppen, wenn man über ihre Artzugehörigkeit Gewißheit haben will, nur durch Züchtung der betreffenden Arten erlangt werden können, und da die Zucht nur gelingt, wenn man den ökologischen Ansprüchen, die bei den einzelnen Arten sehr verschieden sein können, Rechnung trägt, mußten diese Ansprüche erst ermittelt werden. Daher enthält diese Arbeit zugleich Daten zur Ökologie der Entwicklungsstadien der Flöhe.

Es soll ferner geprüft werden, ob das Fehlen oder Vorhandensein von Anhängen bei den einzelnen Familien sich in das allein auf der Morphologie der Imagines beruhende System der Flöhe, mit ihm parallel laufend, einfügt, oder ob diese Anhänge regellos, d. h. unabhängig vom System auftreten.

Sodann soll an einer Art, deren Puppe die mesothorakalen Anhänge hat, die Entwicklung dieser Anhänge während der Ontogenese histologisch untersucht werden, wobei auch die entsprechenden Bereiche des Prothorax und des Metathorax geprüft werden. In derselben Weise wird die Untersuchung auf eine Spezies ohne diese Anhänge vergleichend auszudehnen sein mit der Frage, ob nicht bei ihr auf einem frühen Stadium vielleicht vorübergehend gleichartige Strukturen noch nachweisbar sind.

Schließlich soll die Frage diskutiert werden, ob es sich bei den in Rede stehenden Ausstülpungen wirklich um echte Flügelanlagen handelt.

Diese Arbeit ist eine gekürzte Fassung meiner Dissertation. Für die Anregung zu ihr und für seinen steten Rat danke ich Herrn Prof. Dr. F. PEUS, für die Überlassung von Material außer ihm auch den Herren Professoren RENK, Berlin, und WEYER, Hamburg, und Frau Dr. STRÜBING, Berlin. Der Volkswagenwerk-AG verdanke ich die Förderung dieser Arbeit durch ein Promotionsstipendium.

B. Material, Methode und Technik
I. Herkunft des Materials

Für die Untersuchungen wurden Vorpuppen und Puppen verschiedener Floharten benötigt. Sie wurden entweder aus Nestern gesammelt oder aus Eiern oder Larven gezüchtet.

Lebende Imagines und Larven von *Ceratophyllus gallinae* (Schrank) erhielt ich aus einem Hühnerstall und aus Nestern von *Sturnus vulgaris* L. und *Parus major* L. in Nistkästen in Berlin. Puppen von *Ceratophyllus garei borealis* Rothschild verdanke ich Herrn Prof. PEUS; sie wurden von Herrn A. AICHHORN (Innsbruck) im

Ötztal aus Nestern von *Phoenicurus ochruros* (Gmelin) gesammelt. Von Herrn PEUS erhielt ich auch Puppen von *Dasypsyllus gallinulae* (Dale), aus einem Nest von *Motacilla cinerea* Tunst. (Schwarzwald). Larven von *Ischnopsyllus intermedius* (Rothsch.) fand ich in einer dicken Schicht von Kot der Fledermaus *Vespertilio murinus* L. auf dem Dachboden der Frauenkirche in Günzburg bei Ulm. *Chaetopsylla globiceps* (Taschenberg) entnahm ich Füchsen, *Vulpes vulpes* (L.), die in den Berliner Forsten erlegt waren. Larven von *Ctenophthalmus agyrtes* (Heller) habe ich in Berlin aus Nestern von *Talpa europaea* L. gesammelt. Herr Prof. Dr. WEYER hat mir Imagines von *Xenopsylla cheopis* (Rothschild) aus der Zucht des Tropeninstitutes in Hamburg überlassen, mit denen ich in Berlin eine eigene Zucht angelegt habe. Imagines von *Archaeopsylla erinacei* (Bouché), die von einem Igel aus dem Berliner Botanischen Garten stammten, stellte mir Frau Dr. STRÜBING zur Verfügung; von ihnen habe ich Eier und durch Weiterzüchtung Puppen erhalten.

II. Züchtung

Die Flöhe haben drei Larven-Stadien. Gegen Ende des dritten Stadiums nimmt die Larve keine Nahrung mehr auf und spinnt sich einen Kokon. Das Stadium vom Einspinnen der Larve bis zu ihrer Verpuppung ist die sogenannte Vorpuppe (Praepupa). Die aus der Puppe schlüpfende Imago verläßt den Kokon nach einer im einzelnen sehr verschieden langen Frist.

Es ist zur Zeit nicht möglich, Flöhe auf dem Puppenstadium zu bestimmen; ob dieses Ziel erreichbar ist, mag angesichts der sehr geringen eidonomischen Differenzierung der Puppen zweifelhaft sein. An der Larve, die man zur Puppe weiterzüchten kann, die Artzugehörigkeit zu erkennen, ist bisher nur in wenigen Fällen möglich. Die Larven sind äußerlich zwar viel stärker differenziert als die Puppen, aber sie sind für die weitaus meisten Floharten noch unbekannt oder differential-diagnostisch noch nicht durchgearbeitet. Daher kann man heute über die Artzugehörigkeit einer zu untersuchenden Puppe nur auf dem Wege der Züchtung Gewißheit erlangen. Dafür gibt es verschiedene Möglichkeiten, nämlich

Züchtung in Reinkultur mit vorher determinierten Imagines am Wirt, Züchtung der Eier von determinierten Imagines bis zur Puppe ohne Wirt,

Determination der Imagines aus Puppen, die man vorher untersucht und gezeichnet hat.

Zucht mit dem lebenden Wirt

Dieser Weg ist natürlich nur möglich, wenn man den Wirt in Gefangenschaft halten und die natürlichen Lebensbedingungen der Flöhe so nachahmen kann, daß eine Vermehrung der Flöhe gewährleistet ist. Dabei kann es wichtiger sein, daß man die ökologischen Bedingungen der Nester einhält, in denen die Parasiten in der Natur leben, als daß man ihnen einen bestimmten Blutspender bietet (PEUS, 1940, S. 383; IOFF, 1941, S. 41). Die Zucht mit dem lebenden Wirt habe ich für die vergleichenden Untersuchungen der Flohentwicklung gewählt, für die sehr zahlreiche Larven nötig waren. Als Vergleichsobjekte dienten *Ceratophyllus gallinae* und *Xenopsylla cheopis*, die sich beide gut und bequem züchten lassen.

Die Bildung der mesothorakalen Anhänge beginnt nicht vor dem Ende des dritten Larvenstadiums. Um ihre Entwicklung verfolgen zu können, mußte ich also von diesem Stadium an bis zur Imago in möglichst dichter Folge determinierte Altersstufen gewinnen. Ich entnahm dem Nest das gesamte Nistmaterial und schüttelte es durch ein großes Sieb von 2 mm Maschenweite. Dabei fiel der größte Teil der Flohlarven, mehr als tausend an der Zahl, durch das Sieb. Kokons und Imagines wurden mit dem groben Material wieder in das Nest geschüttet. Für die Aufstellung einer Entwicklungsreihe empfiehlt es sich, von möglichst hohen Larvenzahlen auszugehen. Die Zahl muß um so höher sein, je weniger Stunden eine Stufe umfassen soll, da nur dann erwartet werden kann, daß in dieser Frist jeweils ausreichend viele Kokons gebildet werden.

Das Material, das die Larven enthielt, wurde in Abständen von 12 Std auf neu gebildete Kokons untersucht; ich übertrug sie mit einem feuchten Pinsel jeweils in ein datiertes kleines Petrischälchen. Die offenen Schälchen wurden bei einer Temperatur von 20° C und einer relativen Luftfeuchtigkeit von 86% (Methode nach ZWÖLFER, 1932) aufbewahrt. Zur Regulierung der Luftfeuchtigkeit diente übersättigte KCl-Lösung.

Mit dem Herauslesen der Kokons fuhr ich solange fort, bis in der ersten Schale die Imagines ihre Kokons verließen. Dann sammelte ich aus dem Material noch die Larven heraus, die zu diesem Zeitpunkt dicht vor dem Einspinnen standen.

Um wirklich eine einheitliche Altersstufe zu erhalten, mußte ich diese Larven von den anderen unterscheiden. Von jüngeren Stadien heben sie sich durch ihre Länge und vor allem durch ihren größeren Durchmesser ab. Von jüngeren Larven desselben Stadiums unterscheiden sie sich durch ihre auffallende weiße Farbe und das Fehlen des sonst dunkel durchscheinenden Darminhaltes. Die gleichen Unterschiede sind von SHARIF (1937b, S. 228) an *Nosopsyllus* beobachtet worden. Die L I hat im Gegensatz zu den beiden älteren Stadien noch den Eizahn; er ist sowohl bei *Xenopsylla* als auch bei *Ceratophyllus* vorhanden. Dagegen sind die L II und die noch nicht vor dem Einspinnen stehende L III schwer zu trennen (s. auch SHARIF, l. c.; ELBEL, 1951).

Nach dem Herauslesen der späten L III-Individuen, die die letzte Stufe bildeten, fixierte ich die genannte Stufenreihe. Dazu wurden die Tiere aus den Kokons herauspräpariert (s. u.).

Für die *Xenopsylla*-Zucht nahm ich einzeln gehaltene Goldhamster als Wirte. Sie wurden in Zuchtgläsern von ca. 40 cm Höhe und ca. 25 cm Durchmesser gehalten; der Boden war mit einer 2 cm dicken Gipsschicht bedeckt, die wöchentlich einmal befeuchtet wurde. Sie war, damit der Hamster sie nicht benagen konnte, mit verzinktem Maschendraht belegt. Als Medium für die Larven diente eine 1,5 cm hohe Schicht trockenen Sandes von etwa 1 mm Korngröße, dem ein gehäufter Teelöffel Blutmehl und je ebensoviel Kleie und Trockenhefeflocken beigemengt worden waren. Die genannte Korngröße, die für das Gedeihen einer Flohzucht wichtig sein kann (s. Kap. II), wurde durch zweimaliges Sieben gewonnen, erst mit einer Maschenweite von 2 mm, dann mit 0,5 mm, die den zu feinen Sand passieren ließ. Als erste Zuchtansätze gab ich zu jedem Goldhamster 20 Flöhe. Damit erhielt ich gute Ergebnisse.

Die Entwicklungsreihe von verschieden alten Stufen der *Xenopsylla*-Kokons wurde in gleicher Weise aufgestellt, wie oben bei *Ceratophyllus* angegeben.

Zucht ohne den Wirt

Ist es nicht möglich, den Wirt zu halten oder ein für die Entwicklung der Flöhe geeignetes Nest zu schaffen, so kann man für die Zucht begattete Flohweibchen verwenden, die man vom Wirt absammelt. Das Weibchen dient, wenn es die Eier abgelegt hat, der Artbestimmung. Diese Methode läßt sich ohne räumlichen Aufwand durchführen, ist aber für Massenzuchten weniger geeignet, da jedes Flohweibchen bis zur vollständigen Eiablage gesondert gehalten werden muß. Es ist nicht ratsam, die Imagines vor der Eiablage zu betäuben, um sie zu bestimmen, da ihre Vitalität dadurch herabgesetzt wird (EDNEY, 1945).

Von begatteten Weibchen bin ich bei der Zucht von *Chaetopsylla globiceps* und *Archaeopsylla erinacei* ausgegangen. Das war insofern schwierig, als ich die ökologischen Ansprüche (vor allem Luftfeuchtigkeit, auch Nahrung der Larven) nicht kannte, also erst ermitteln mußte, wobei es in den Zuchtansätzen zunächst viele Fehlschläge gab. Ungünstige Entwicklungsbedingungen führen häufig zu einer Verlängerung der Dauer der Larvenstadien (SHARIF, 1937b). Da man bei ersten Zuchtversuchen aber die normale Dauer der Larvenstadien nicht kennt, ist es schwer, Störungen der Entwicklung zu erkennen und durch Änderungen von Umweltfaktoren zu beheben, bevor die Vitalität der Larven so stark abgenommen hat, daß ihre Schädigung offensichtlich wird, und die Zucht von neuem begonnen werden muß.

Zur Eiablage setzte ich die Weibchen einzeln in kleine, weithalsige Schraubfläschchen. Die Fläschchen enthielten jeweils ein feuchtes Stückchen Filterpapier. Die Feuchtigkeit darf nicht so groß sein, daß die Wand beschlägt, an der die Flöhe sonst hängenbleiben und ertrinken. Ganz austrocknen darf das Papier aber auch nicht, sonst können die Eier vertrocknen. Nach etwa 2 Tagen hatten die Flohweibchen alle Eier abgelegt. Die *Chaetopsylla*-Weibchen legten entwicklungsfähige Eier ab, obwohl ich sie von Füchsen abgesammelt hatte, die mindestens 12 Std lang bei $-6°C$ im Kühlschrank gelegen hatten.

Nach der Eiablage wurden die Weibchen fixiert und bestimmt. Die Eier übertrug ich mit einem feuchten Pinsel in eine Petrischale. Sie haben eine klebrige Oberfläche und haften daher oft sehr fest an der Gefäßwand. Der Klebstoff ist offenbar wasserlöslich; denn mit einem feuchten Pinsel läßt sich das Ei leicht ablösen, während man mit einem trockenen Pinsel manchmal so stark gegen das dünnwandige Ei drücken muß, daß es zerstört wird.

Das Zuchtgefäß enthielt ein Gemenge, das sich bei allen meinen Zuchten gut bewährt hat: 1 Teil Blutmehl, 1 Teil Hefeflocken und 20 Teile Sand von etwa 1 mm Korngröße. Über die Temperatur und die besonders wichtige Luftfeuchtigkeit wird in Abschnitt II berichtet werden.

Nach der Verpuppung wurden die Tiere fixiert. Das Gemenge wurde täglich auf Kokons untersucht.

Bestimmung unbekannter Larven oder Puppen

Findet man in einem Nest nur vereinzelte Larven oder Puppen, deren Artzugehörigkeit man nicht kennt, so muß man, nachdem man sie untersucht und gezeichnet hat, versuchen, sie bis zur Imago zu züchten. — Sind sehr viele Larven oder Puppen im selben Nest vorhanden, an denen man bei gründlicher Untersuchung keine Unterschiede entdecken kann, so kann man ein paar Individuen fixieren. Wenn dann die weitergezüchtete große Masse ausschließlich Imagines gleicher Artzugehörigkeit ergibt, so wird man auch die fixierten Tiere hierher rechnen dürfen, ein Weg zur Puppenbestimmung, der zwar keine letzte Sicherheit bietet, aber doch mit höchster Wahrscheinlichkeit richtig ist. So zweifle ich nicht an der Richtigkeit der Bestimmung meiner Puppe von *Ctenophthalmus agyrtes*, bei der ich wie geschildert vorgegangen bin.

Bei Puppen, die in Alkohol aufbewahrt worden sind, muß man beachten, daß bei den älteren Puppen, die dicht vor dem Schlüpfen der Imago gestanden haben, von den Anhängen nur die Ausstülpungen der Kutikula erhalten sind. Diese können aber etwas schrumpfen und kollabieren, so daß sie dann schwer aufzufinden sind. Nach längerem Liegen in Alkohol wird die Kutikula auch spröde und kann dann leicht zerreißen. Daher empfiehlt es sich, die Puppen möglichst bald nach ihrem Schlüpfen und vor der Fixierung zu untersuchen.

Puppen, die zur Beobachtung mehrere Stunden dem Licht einer Monla-Lampe (Leitz) ausgesetzt waren, ließen sich noch weiterzüchten. Kritisch kann jedoch die mit der Beleuchtung verbundene Wärme werden; ich habe daher das Licht lieber alle 15 min für kurze Zeit abgeschaltet. Um eine Gefährdung durch zu geringe Luftfeuchtigkeit zu vermeiden, habe ich die Puppen auf Filtrierpapier gelegt, das während der Untersuchung feucht gehalten wurde.

III. Behandlung des Materials

Für die Fixierung einer Reihe verschiedener Entwicklungsstadien muß man die Larven und Puppen aus dem Kokon herauspräparieren. Da die Reihe möglichst gleichzeitig fixiert werden mußte, war Eile geboten, zumal etwa 250 Kokons je Reihe zu präparieren waren. Die empfindlichen Vorpuppen und Puppen sind von zähen Kokons umgeben, denen sie ziemlich eng anliegen. Daher läuft man Gefahr, die Tiere zu beschädigen, wenn man die Kokons mit Präpariernadeln öffnet. Kokons, die in Alkohol gelegen haben, sind leichter zu präparieren, da sie in diesem Medium spröde werden. Übrigens lassen sich Kokons, die erst einige Tage alt sind, besser zerstören, wenn man sie mit dem Zeigefinger vorsichtig auf der Handfläche zerreibt. Die außen anhaftenden Sandkörnchen zerreißen das Gespinst, ohne daß die zusammengekrümmte Vorpuppe dabei jemals beschädigt wird. Ältere Kokons erwiesen sich dagegen als zäher und mußten meist mit der Nadel geöffnet werden.

BACOT (1914, S. 474) hat für *Nosopsyllus* festgestellt, daß die Larven harte oder weiche Kokons bilden. Er vermutet, daß die harten Kokons mit der Überwinterung in Zusammenhang stehen. SHARIF (1937 b, S. 230) erklärt dagegen für dieselbe Gattung, die Kokons seien alle gleichartig. Nach meinen Beobachtungen an *Xenopsylla* und *Ceratophyllus* könnte es sich bei den härteren Kokons um ältere Exemplare gehandelt haben.

Das Reiben der jüngeren Kokons bringt neben der größeren Sicherheit auch eine erhebliche Beschleunigung der Präparation mit sich. Es gibt aber einen Weg, die Larven von *Ceratophyllus* und von *Xenopsylla* ohne Präparation von ihrem Kokon zu trennen, den, wie ich später feststellte, SHARIF bereits für Beobachtungen an *Nosopsyllus* beschritten hatte, so daß er wohl auch bei anderen Arten anwendbar ist. Er beruht auf der Gewohnheit der Larven, bei Störungen den frisch gesponnenen Kokon zu verlassen. Im Nistmaterial fand ich öfters lebende Puppen, die nicht von einem Kokon umschlossen waren. Wenn ich frische Kokons aus der Zucht heraussammelte, kroch infolge der Störung stets ein Teil der Larven aus dem Kokon heraus. Solche Larven spannen, wenn man den verlassenen Kokon entfernte, oft einen zweiten Kokon, der aber meist unvollständig blieb. Wurde auch dieser entfernt, kam ein dritter Kokon nie mehr zustande, vielmehr krümmte sich die Larve U-förmig ein, wie es auch das im Kokon befindliche Tier in Anpassung an den engen Raum tut. Wie SHARIF (1937 b) erwähnt, haben BACOT (1914, S. 474) und MELLANBY (1933, S. 197) übereinstimmend festgestellt, daß die Dauer der Entwicklungsperioden durch Vorhandensein oder Fehlen eines Kokons nicht beeinflußt wird. Nach meiner Erfahrung muß man die Larven möglichst vor Ablauf von 24 Std nach dem Einspinnen durch Schütteln der Kokons gestört haben. Später verlassen die Larven den Kokon meist nicht mehr. Ferner ist es erforderlich, die leeren Kokons sofort zu entfernen, da sie sonst, wie ich beobachtet habe, von den Larven nach der Störung wieder bezogen werden. So erklärt es sich auch, daß ich einmal zwei Puppen in einem Kokon fand, der offensichtlich nach einer Störung von zwei Larven aufgesucht worden war.

Zum Fixieren wurde alkoholische Pikrinsäure nach BOUIN, modifiziert nach DUBOSQUE-BRASIL verwendet (ROMEIS, 1948), die eine Temperatur von 40°C hatte. Um eine gute Durchdringung der Objekte zu erreichen, wurden sie unmittelbar vor der Übertragung in das Fixiergemisch am hinteren Ende angestochen. Die Übertragung muß dann sehr schnell geschehen, damit die Fixierflüssigkeit die herausquellende Körperflüssigkeit gerinnen läßt. So wird ein stärkerer Verlust von flüssigem Eiweiß und damit eine erhebliche Schrumpfung der Objekte verhindert. Die Fixierung und Haltbarkeit der Objekte war bei gleicher Behandlung sehr unterschiedlich, daher empfiehlt es sich, das fixierte Material bald einzubetten. Auch SHARIF (1937a, S. 467) weist auf die Schwierigkeiten der Fixierung von Flohlarven und Puppen trotz Erprobung verschiedener Fixiergemische hin. Das oben angegebene Gemisch erwies sich als am besten geeignet.

Die Einbettung erfolgte in Paraffin oder in Paraplast. Die Schnittdicke betrug 6 µ.

Als Farbstoff verwendete ich zunächst Eisenhämatoxylin nach HEIDENHAIN, später mit besserem Erfolg die Azanfärbung nach HEIDENHAIN (ROMEIS, 1948). Die gefärbten Schnitte bettete ich in Caedax ein.

C. Zur Ökologie einiger Flöhe während ihrer Entwicklung

Sand

Das bereits bei der Zucht von *Ceratophyllus gallinae* (s.o.) erwähnte Gemenge hat sich in allen Fällen gut bewährt. Dabei kann jedoch die Größe der Sandkörner für den Zuchterfolg entscheidend sein. EDNEY (1947b) teilt mit, daß ihm in sehr feinem Sand alle Larven einer *Xenopsylla*-Zucht starben, während er unter gleichen Bedingungen mit gröberem Sand befriedigende Ergebnisse erzielte.

Nahrung

Die Imagines spritzen beim Saugen unverdautes Blut des Wirtes aus dem After. Das eingetrocknete Blut dient den Larven im Nest als Nahrung. Bei Zuchten kann man Blutmehl verwenden. Für die Larvenernährung ist die Beschaffenheit des Blutmehls von Bedeutung. Unter einem Druck von 7,5 Atm. und Erhitzung auf 120°C nach $1^{1}/_{2}$ Std gewonnenes denaturiertes Blutmehl erwies sich als wertlos für die Ernährung von *Nosopsyllus*-Larven, während evaporiertes Blut, im Vakuum über konzentrierter Schwefelsäure gewonnen, eine geeignete Nahrungskomponente ist (SHARIF, 1937b, S. 236). Blutmehl allein ist aber als Nahrung nicht ausreichend, wie SHARIF (l.c. S. 234) nachwies. Gelegentliche Zuchterfolge anderer Autoren mit Blutmehl als einziger Nahrungsquelle führt er auf zusätzliche Nährstoffe in Form von Verunreinigungen zurück. Als Ergänzungsnahrung verwendete er mit Erfolg getrocknete Bäckerhefe (l.c., S. 231). Für *Ctenocephalides felis* (Bouché) fand BRUCE (1948) ein Gemisch von 1 g getrocknetem Rinderblut, 50 mg Bierhefe und 4 g Sand als günstiges Zucht-Medium für 100 Eier. Nach SHARIF (1948, a) begünstigt das Haemoglobin in der Larvennahrung die Sklerotisierung der Floh-Imagines.

Luftfeuchtigkeit

Die Ansprüche an die relative Luftfeuchtigkeit können bei den Larven verschiedener Floharten sehr unterschiedlich sein. Nach H. E. KRAMPITZ (brieflich) gedeiht eine Zucht von *Leptopsylla segnis* bereits bei einer relativen Luftfeuchtigkeit von 30—40% und einer Raumtemperatur von 23—26°C sehr gut. Für *Ctenocephalides felis* gibt BRUCE (1948) 65—90% relative Luftfeuchtigkeit (rel. L.F.) und etwa 26—32°C als günstig an. SHARIF (1949) nennt für *Xenopsylla cheopis* als optimale Bedingungen 90% rel. L.F. bei 13, 17 und 35°C sowie 80—90% rel. L.F. für Temperaturen zwischen 22 und 32°C. Züchtete er die Larven bei 65% rel. L.F., so ergänzten sie ihren Wasserverlust hauptsächlich aus der Nahrung (SHARIF, 1948b).

Ich selbst stellte bei *Chaetopsylla globiceps* ein hohes Feuchtigkeitsbedürfnis fest. Ich hatte die Larven zunächst in einem Gemenge von Blutmehl und Sand gehalten. Die Luftfeuchtigkeit hatte ich nach der Methode von ZWÖLFER (l.c.) mit einer übersättigten Lösung von Kaliumtartrat auf 75% rel. L.F. eingestellt; die Raumtemperatur betrug 20°C. Spätestens 10 Tage nach dem Schlüpfen waren alle Larven jedesmal gestorben. Auch als ich dem Substrat Trockenhefeflocken beigemengt hatte, scheiterten die Zuchten. Erst die Einstellung der Luftfeuchtigkeit auf 86% (mit übersättigter Kaliumchloridlösung) führte zum Erfolg. Ein Zuchtansatz bei 92% rel. L.F., die ich mit Natriumtartrat eingestellt hatte, führte ebenfalls zum Überleben der Larven bis zum Puppenstadium.

Im Verhalten wichen die Larven im trockeneren Medium deutlich von den anderen ab. Sie kamen bei Bewegung der Schale an die Oberfläche des Substrates und krochen während der etwa 10 min währenden Beobachtung unruhig darauf umher. Dagegen verbargen sich die bei höherer Luftfeuchtigkeit gehaltenen Larven in ihrem Medium. *Xenopsylla*-Larven zeigten bei zu geringer Luftfeuchtigkeit ein gleiches Verhalten wie die *Chaetopsylla*-Larven und krochen in Mengen auf dem Zuchtsubstrat umher.

Im Gegensatz zu dem engen Bereich der Luftfeuchtigkeit, an den die *Chaetopsylla*-Larven gebunden sind, läßt sich *Archaeopsylla erinacei* sowohl bei 75% als auch bei 92% rel. L.F. vom Ei bis zur Imago züchten. Das steht im Einklang mit der Gegensätzlichkeit der Entwicklungsorte: Bei *Chaetopsylla* tief unterirdisch in stagnierender feuchter Luft, bei *Archaeopsylla* oberirdisch den wechselnden atmosphärischen Bedingungen ausgesetzt.

Die Larven von *Ischnopsyllus intermedius* habe ich auf Fledermauskot gezüchtet, wobei dem Gefäß ein Stück feuchten Filterpapiers beigegeben war. Von 7 Larven des zweiten oder frühen dritten Stadiums gelangten 2 bis zur Puppe.

Ceratophyllus gallinae entwickelte sich in meinen Zuchten bei etwa 20°C und bei 86—90% rel. L.F. vom Ei bis zur Imago.

Temperatur

Nach EDNEY (1945) verkürzt eine Erhöhung der Temperatur die Dauer der Entwicklung. — Bei *Chaetopsylla* erhielt ich bei 20°C folgende Werte: Eiablage am 22. 12., Schlüpfen der Larven nach 9 Tagen, Larvenzeit 25 Tage, vom Einspinnen der Larve bis zum Schlüpfen der Puppe 25 Tage, insgesamt also 59 Tage vom Ei bis zur Puppe. Ein zweiter Ansatz am 2. 1. ergab für das Ei 8 Tage und für die Larvenzeit bis zum Einspinnen 16 Tage; die Puppe schlüpfte aber erst nach weiteren 52 Tagen, so daß die gesamte Entwicklung bis zur Puppe 76 Tage in Anspruch nahm. Diese Unterschiede deuten darauf hin, daß die Entwicklungsbedingungen nicht optimal waren.

Bei *Ceratophyllus gallinae* vergingen bei 20°C vom Spinnen des Kokons bis zur Verpuppung 3 Tage; die Imago schlüpfte nach weiteren 10 Tagen aus der Puppe. Unter gleichen Bedingungen dauerte bei *Xenopsylla cheopis* das Vorpuppenstadium 4 Tage und das Puppenstadium 11 Tage.

Weitere ökologische Daten für die Züchtung von Flöhen bringen u.a. auch HŮRKA u. DOSKOCIL (1961) und WEIDNER (1937).

Die Herkunft des Blutes, ob Mensch, Kaninchen oder Eichhörnchen, hatte nach SIKES (1931) keinen spürbaren Einfluß auf den Zuchterfolg; er berichtet, daß ihm die Larven von *Archaeopsylla* und *Hystrichopsylla* bei Ernährung mit Blutmehl gestorben sind; nach meinen Erfahrungen dürfte das an dem Fehlen der Hefe in der Nahrung gelegen haben.

Physiologischer Zustand des Wirtes

Ein ungewöhnlicher Fall von Abhängigkeit in der Fortpflanzungsfähigkeit eines Flohes vom Zyklus seines Wirtes liegt bei dem Kaninchenfloh, *Spilopsyllus cuniculi* (Dale), vor. Nachdem MEAD-BRIGGS und RUDGE (1960) entdeckt hatten, daß sich die Ovarien der Spilopsyllus-Weibchen nur nach Aufnahme des Blutes von trächtigen Kaninchen-

Weibchen entwickeln, haben ROTHSCHILD und FORD (1964) nachgewiesen, daß es das Hormon des Hypophysen-Vorderlappens des graviden Kaninchens ist, das hier den Ausschlag gibt. MEAD-BRIGGS und RUDGE weisen darauf hin, daß ähnliche Abhängigkeiten vielleicht auch bei anderen Flöhen bestehen könnten.

Um dies zu prüfen, ist man nicht immer auf das Experiment angewiesen. Beispielsweise steht die Abhängigkeit von diesem Hormon außer Betracht, wenn man Eiablagen auch außerhalb der Fortpflanzungsperiode des Wirtes feststellt, oder wenn man Eier von Flöhen erhält, die nur an männlichen Individuen des Wirtes Blut zu saugen Gelegenheit gehabt haben. Daraufhin ist diese Abhängigkeit mindestens für die beiden folgenden Floharten auszuschließen. Die Zucht von *Xenopsylla cheopis* gedeiht, gleichviel welchen Geschlechts der Blutspender (bei mir Goldhamster, Männchen wie Weibchen) ist; auch werden zu jeder Jahreszeit entwicklungsfähige Eier abgelegt. Bei *Chaetopsylla globiceps* lieferten die Termine der Eiablage keinen zweifelsfreien Hinweis, aber es haben auch die Flohweibchen, die auf männlichen Füchsen gelebt hatten, Eier abgelegt. —

Es mögen noch ein paar andere Beobachtungen angefügt sein. In meinen Zuchten von *Ceratophyllus gallinae* fand die *Begattung* immer sehr bald nach dem Schlüpfen der Imagines statt; eine Blutaufnahme ist also vorher nicht nötig. Bei *Xenopsylla cheopis*, *Tunga penetrans* (L.) und *Echidnophaga gallinacea* (Westw.) haben GEIGY und SUTER (1960) aber beobachtet, daß die Weibchen nach dem Schlüpfen erst Blut aufgenommen und eine Reifeperiode durchgemacht haben müssen, ehe sie begattet werden.

Den großen Floh *Hystrichopsylla talpae* (Curt.) konnte ich an einer weißen Maus nicht halten, weil, wie ich einmal beobachtet habe, die Maus den Floh mit den Vorderpfoten ergriff und ihn dann verzehrte. Das gleiche haben BUXTON (1948) und ZHOVTVI und VASILJEV (1962) in ihren *Xenopsylla*-Zuchten für Mäuse und verschiedene andere Nagetiere festgestellt. Die Xenopsyllen sind *kleine* Flöhe!

D. Eidonomie und Diagnostik der Puppen einiger Arten Verteilung der mesothorakalen Anhänge über die Familien und Unterordnungen

SHARIF (1935), der als erster die mesothorakalen Anhänge bei einer Siphonapteren-Puppe (*Nosopsyllus*) beschrieb, hat gleichzeitig darauf hingewiesen, daß diese Strukturen bei *Xenopsylla cheopis* fehlen. Diese gegensätzlichen Sachverhalte aufgreifend, bin ich der Frage nachgegangen, bei welchen Floh-Familien die Anhänge vorkommen, ob sie wahllos über die Familien verteilt sind oder ob sich ihr Vorkommen und

Fehlen mit dem System der Flöhe, d.h. mit ihren beiden bei uns vertretenen imaginal-morphologisch charakterisierten Unterordnungen Ceratophylloidea und Pulicoidea deckt. — Zuvor soll aber die *Eidonomie* der Puppen behandelt werden.

In der umfangreichen Literatur über Flöhe sind Puppen nur selten beschrieben oder abgebildet worden. LASS (1905) bildet die Puppe von *Ctenocephalides canis* (Curtis) ab; sie läßt keine Anhänge erkennen. SHARIF (l.c.) bringt, außer von *Nosopsyllus fasciatus*, auch Abbildungen der Puppen von *Leptopsylla segnis* (Schönherr) und *Ceratophyllus gallinae* (Schrank); wie *Nosopsyllus*, zeigen auch die letztgenannten beiden Arten die Anhänge[1].

KARANDIKAR und MUNSHI (1950) bilden die Puppe von *Ctenocephalides felis* (Bouché) ab; Anhänge fehlen hier ebenso wie in der Abbildung der Puppe derselben Spezies bei ELBEL (1951). Und das von ALFRED KELLER korrekt geschaffene Modell der Puppe von *Pulex irritans* L., abgebildet bei PEUS (1952, 1953), zeigt ebenfalls keine Anhänge. Vorhanden sind die Anhänge wiederum in den Abbildungen, die SNODGRASS (1946, Tafel 8, F) für *Ceratophyllus swansoni* Liu, PEUS (1953) für *Ceratophyllus hirundinis* (Curtis) und KLEIN (1964) für *Stenoponia tripectinata irakana* Jordan geben.

Zu dieser Übersicht ist zu bemerken, daß die Gattungen *Ctenocephalides*, *Xenopsylla* und *Pulex*, bei denen die Anhänge fehlen, der Familie Pulicidae angehören. Mit den in der Literatur dargestellten Gattungen, deren Puppen die Anhänge haben, sind die Familien Hystrichopsyllidae (*Stenoponia*; mediterran, in Deutschland fehlend), Leptopsyllidae (*Leptopsylla*) und Ceratophyllidae (*Nosopsyllus, Ceratophyllus*) erfaßt. Sie gehören der Unterordnung Ceratophylloidea an.

Aus der Fauna Deutschlands — auf diese habe ich mich beschränken müssen — fehlen aus dieser Unterordnung noch Vertreter der Familien Vermipsyllidae und Ischnopsyllidae. Um das Bild wenigstens für die bei uns vorkommenden Familien abzurunden, war mir daran gelegen, mindestens je einen Vertreter dieser beiden Familien prüfen zu können. Das ist mir mit *Chaetopsylla globiceps* (Taschenberg) — Vermipsyllidae — und mit *Ischnopsyllus intermedius* (Rothsch.) gelungen.

Die Puppen der Flöhe sind Pupae liberae exaratae (WEBER, 1954). In ihrer Gestalt ähneln sie sehr den Imagines, auf die sich ihre Diagnostik auch weitgehend stützt. Sie sind seitlich zusammengedrückt. Der Kopf mit den Mundwerkzeugen und Fühlern, die Thorakal- und Abdominalsegmente und die Beine sind auch bei der frisch geschlüpften Puppe schon ausgebildet, aber die Augen — wenn bei den Imagines vorhanden — fehlen noch. Am Prothorax befindet sich jederseits ein kegelförmig vorragendes Stigma. Die Stigmen liegen etwa auf gleicher Höhe wie die zipfelförmigen Ausstülpungen, hier „Anhänge" genannt, am Mesothorax, sofern sie vorhanden sind. Diese reichen nach hinten etwa bis zur Mitte des Methathorax.

---

1. HEYMONS (1899) hat sie bei *C. gallinae* nicht gefunden: „. . . jedenfalls konnte ich ontogenetisch in dieser Hinsicht nichts nachweisen, was auf eine Beziehung der Flöhe zu jetzigen flügeltragenden Insecten hindeutet."

Am Metathorax sind äußerlich sichtbare Anhänge niemals vorhanden. Nicht nur die Larven, sondern auch die Puppen haben Borsten, freilich nur sehr wenige; bisweilen sind sie überdies sehr fein. In der Literatur ist diese Tatsache geleugnet (LASS, 1905), im übrigen kaum beachtet worden. Auf Abbildungen sind die Borsten zu sehen bei SNODGRASS (1946, Tafel 8, F) für *Ceratophyllus swansoni* Liu und bei ELBEL (1951, Fig. 6) für *Ctenocephalides felis* (Bouché). Auf die Chaetotaxis komme ich bei den einzelnen Arten zurück.

Das Geschlecht läßt sich auf dem Puppenstadium schon oft eindeutig erkennen. Sind die imaginalen Terminalia bei den Geschlechtern sehr verschieden gestaltet, so ist dies ein gutes — bei sehr jungen Puppen aber oft undeutliches — Merkmal. So ist bei der Puppe von *Ceratophyllus gallinae* der spiralig aufgewundene Aedoeagus sehr auffällig sichtbar (Abb. 4). Und in der Gestalt ist die Kontur des Rückens, in Seitenansicht, beim ♂ fast gerade, beim ♀ deutlich konvex (Abb. 4 und 5). Bei *Xenopsylla* ist der Unterschied in den Terminalia wegen der kontrastarm milchigweißen Farbe der Puppe nicht leicht zu sehen. Deutlicher sind hier die verschiedenen Proportionen des Körpers: Die weibliche Puppe ist im Verhältnis zur Länge deutlich höher als die männliche (Abb. 9 und 10). Ein weiteres Merkmal besteht darin, daß das 8. Abdominalsegment an seinem ventralen Ende beim ♂ in zwei spitze Fortsätze ausgezogen ist, die dem ♀ fehlen.

Bei den Puppen derjenigen Arten, die als Imago Antepygidialborsten haben, ist das 7. Abdominalsegment dorsal in zwei lange fingerförmige Fortsätze ausgezogen. In unserer Fauna fehlen die imaginalen Antepygidialborsten nur bei den Vermipsyllidae.

Im folgenden behandle ich nur die Arten, die ich selbst untersucht habe.

Fam. Vermipsyllidae

Chaetopsylla globiceps (Taschenberg). Abb. 1. Im Einklang mit dem Fehlen der Antepygidialborsten bei der Imago hat die Puppe dorsal am 7. Abdominalsegment keine Fortsätze. Das dürfte für alle Arten dieser Familie zutreffen. Die Borsten sind schwer erkennbar, da sie sehr klein sind und sich in der Farbe vom Integument kaum abheben. Chaetotaxis: Jederseits am Kopf 1 Borste, an jedem Thorakalsegment 2 Borsten; 1. Abd.-Segment ohne Borsten. Die Anhänge am Mesothorax sind auffallend groß.

Fam. Hystrichopsyllidae

Ctenophthalmus agyrtes (Heller). Abb. 2. Die Puppe weicht von den anderen, die ich untersucht habe, durch ihre Chaetotaxis ab: Kopf jederseits mit 3 Borsten (Anordnung s. Abb.), auf jedem Thorakalsegment 2 und auf dem 1. Abd.-Segment ebenfalls 2 Borsten.

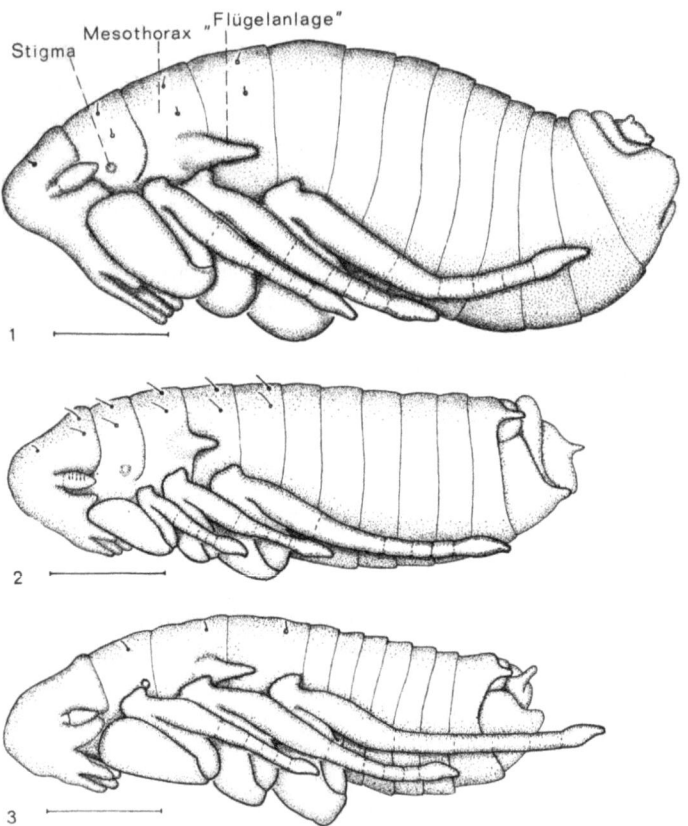

Abb. 1—3. Puppen einiger Flöhe. Länge des Maßstabes = 0,5 mm. — Abb. 1. *Chaetopsylla globiceps* ♂. Abb. 2. *Ctenophthalmus agyrtes* ♀. Abb. 3. *Ischnopsyllus intermedius*

Fam. Ischnopsyllidae

Ischnopsyllus intermedius (Rothschild). Abb. 3. Die Puppe ist charakterisiert durch die im Verhältnis zum Abdomen ungewöhnlich langen Segmente des Thorax, wie das für die Imago, übrigens bei allen Ischnopsyllus-Arten, ebenfalls gilt. Auch die Chaetotaxis ist eigentümlich: Nur der Thorax hat Borsten, und zwar jedes Segment jederseits nur 1 Borste.

Fam. Ceratophyllidae

Die von mir untersuchten Puppen von *Dasypsyllus* und von *Ceratophyllus garei borealis* haben längere Zeit in Alkohol gelegen. Daher könnte die auffallende Kürze der mesothorakalen Anhänge auf Schrumpfung beruhen.

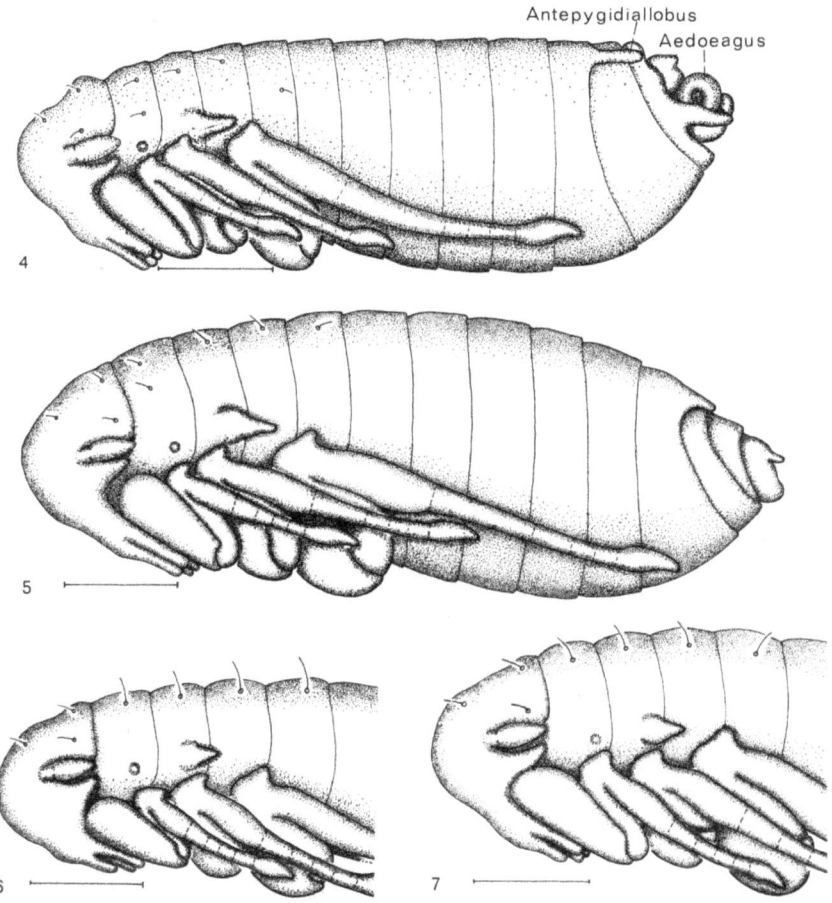

Abb. 4—7. Puppen einiger Flöhe. Länge des Maßstabes = 0,5 mm. — Abb. 4. *Ceratophyllus gallinae* ♂. Abb. 5. *Ceratophyllus gallinae* ♀. Abb. 6. *Dasypsyllus gallinulae* ♀. Abb. 7. *Ceratophyllus garei borealis* ♀

Dasypsyllus gallinulae (Dale). Abb. 6. Chaetotaxis: Jederseits auf dem Kopf 3 Borsten, auf jedem Thorakalsegment und auf dem 1. Abd.-Segment nur 1 Borste.

Ceratophyllus garei borealis Rothschild. Abb. 7. Chaetotaxis wie bei *Dasypsyllus*.

Ceratophyllus gallinae (Schrank). Abb. 4 und 5. Im Gegensatz zu den beiden vorigen Arten hat, bei sonstiger Übereinstimmung, der Prothorax jederseits 2 Borsten. Eine geschlechtliche Differenzierung besteht darin, daß die Borste auf dem 1. Abd.-Segment beim ♂ nach unten verschoben ist.

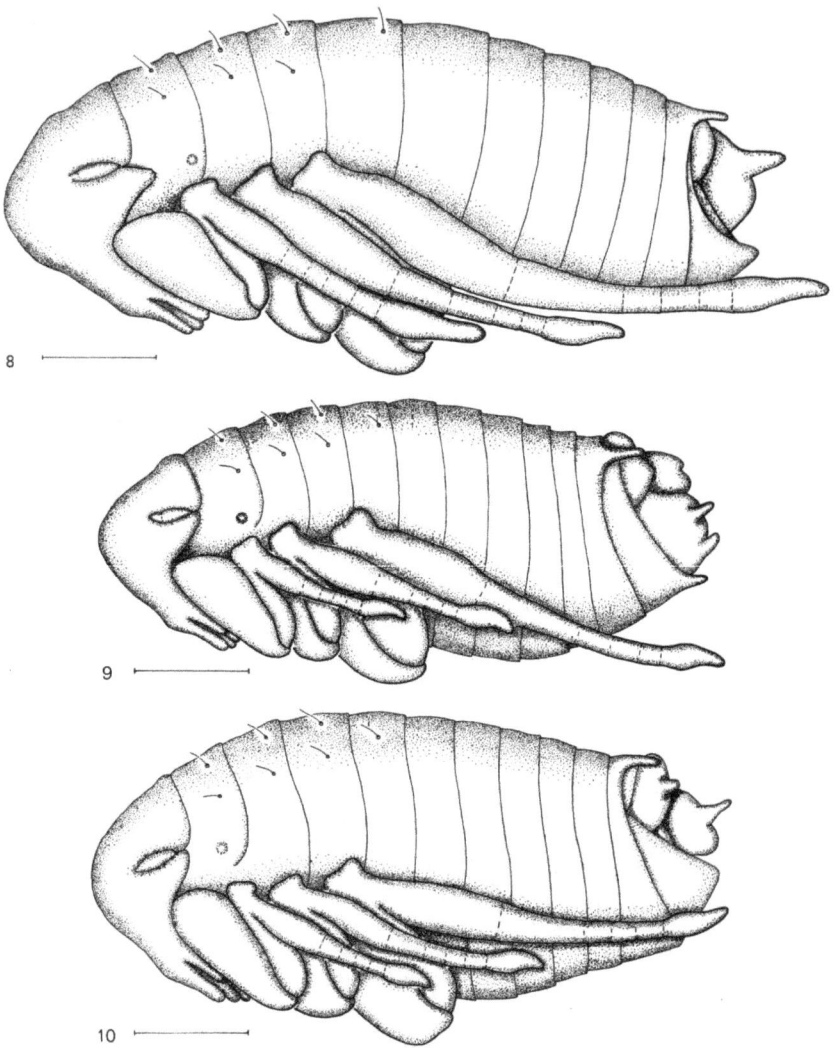

Abb. 8—10. Puppen einiger Flöhe. Länge des Maßstabes = 0,5 mm. — Abb. 8. *Archaeopsylla erinacei* ♀. Abb. 9. *Xenopsylla cheopis* ♂. Abb. 10. *Xenopsylla cheopis* ♀

Fam. Pulicidae

Archaeopsylla erinacei (Bouché). Abb. 8. Die Gestalt ist, wie bei der Imago, gedrungen, kurz und hoch. Chaetotaxis: Alle Thorakalsegmente jederseits mit 2 Borsten, auf dem 1. Abd.-Segment nur 1 Borste. Kopf ohne Borsten.

Xenopsylla cheopis (Rothschild). Abb. 9 und 10. Chaetotaxis wie bei *Archaeopsylla*.

Zusammenfassung. Aus den Darstellungen in der Literatur und aus meinen Befunden ergibt sich folgendes Bild:

Die Anhänge sind vorhanden bei den Puppen der Gattungen

Chaetopsylla	— Fam. Vermipsyllidae
Stenoponia	— Fam. Hystrichopsyllidae
Ctenophthalmus	— Fam. Hystrichopsyllidae
Ischnopsyllus	— Fam. Ischnopsyllidae
Leptopsylla	— Fam. Leptopsyllidae
Nosopsyllus	— Fam. Ceratophyllidae
Dasypsyllus	— Fam. Ceratophyllidae
Ceratophyllus	— Fam. Ceratophyllidae

Die Anhänge fehlen in den Gattungen

Pulex	— Fam. Pulicidae
Archaeopsylla	— Fam. Pulicidae
Ctenocephalides	— Fam. Pulicidae
Xenopsylla	— Fam. Pulicidae

Eine Übersicht (modifiziert nach JORDAN) über die Familien und Unterfamilien der Flöhe gibt HOLLAND (1964, S. 131). Er versucht, ein phylogenetisches System zu entwerfen. Um einen Überblick über das Verhältnis der Familien, von denen Vertreter untersucht wurden, zur Weltfauna zu geben, nenne ich in Anlehnung an seine Zusammenstellung alle Flohfamilien. Die Tungidae und Pulicidae[2] faßt er als Pulicoidea zusammen, die Rhopalopsyllidae und Malacopsyllidae als Malacopsylloidea. Alle übrigen Familien vereinigt er als Ceratophylloidea: Vermipsyllidae[2], Pygiopsyllidae, Xiphiopsyllidae, Coptopsyllidae, Hystrichopsyllidae[2], Stephanocircidae, Macropsyllidae, Ischnopsyllidae[2], Leptopsyllidae[2], Ancistropsyllidae, Ceratophyllidae[2], Chimaeropsyllidae.

Alle bisher untersuchten Familien der Ceratophylloidea haben im Puppenstadium Anhänge; alle untersuchten Pulicidae haben keine. Dieses auffallende Ergebnis könnte ein Beitrag zur Aufstellung eines phylogenetischen Systems der Flöhe sein. Es bleibt zu untersuchen, ob auch die Puppen der anderen Familien der Ceratophylloidea Anhänge haben und ob den Tungidae die Anhänge im Puppenstadium ebenso fehlen wie den untersuchten Pulicidae. Ferner wäre eine Prüfung der Puppen der Malacopsylloidea auf Anhänge interessant. Wenn sich bei den genannten Familiengruppen eine Einheitlichkeit im Fehlen oder Vorhandensein der pupalen Anhänge zeigt, müßte noch geklärt werden, ob das Vorhandensein oder das Fehlen der Anhänge apomorph ist.

---

2. Aus diesen Familien sind Puppen untersucht.

E. Histologische Untersuchungen zur Ontogenese der Anlagen

Der Frage nach der morphologischen Natur der mesothorakalen Anhänge muß man histologisch beizukommen versuchen. Dabei geht es um die beiden Einzelfragen:

1. Wann treten die ersten Differenzierungen im Gewebe auf, wie verläuft die weitere Entwicklung und welches Schicksal haben die Anhänge schließlich?
2. Gibt es, wenn schon äußerlich dort nicht sichtbar, nicht auch am Metathorax histologische Differenzierungen, die denen am Mesothorax auf entsprechender Altersstufe vergleichbar oder gar homolog sind? Trifft das vielleicht auch für den Prothorax zu?

Als Vertreter der Ceratophylloidea soll *Ceratophyllus gallinae* dienen, der dem von SHARIF untersuchten *Nosopsyllus fasciatus* verwandtschaftlich nahesteht und daher mit diesem vergleichbar ist.

Ähnliche Fragen erheben sich aber auch für die Flöhe, bei denen äußerlich nichts sichtbar ist:

1. Sind nicht am Mesothorax wenigstens histologisch Strukturen nachweisbar, die den bei den anderen Flöhen auftretenden Anhängen entsprechen?
2. Gilt das vielleicht auch für den Metathorax und sogar für den Prothorax?

Für diese Untersuchungen wähle ich wiederum *Xenopsylla cheopis*, einen Vertreter der *Pulicoidea*.

I. Die Entwicklung der Anlagen bei Ceratophyllus gallinae

Die Entwicklung wird hier an so vielen Altersstufen der Larve, Vorpuppe und Puppe aufgezeigt, wie es zur lückenlosen Verfolgung des Werdens und Vergehens der Strukturen nötig ist.

1. Larve gegen Ende des Stadiums III, kurz vor der Vorpuppe
(Abb. 11, 12, 13).

Zellgrenzen sind in der Epidermis selten zu erkennen (s. auch SHARIF, l.c., S. 526).

Prothorax (Abb. 11). Die Imaginalscheibe des Beines, die sich durch ihre Dicke deutlich von der übrigen Epidermis abhebt, liegt in einer nach außen offenen Peripodialhöhle. In der sich dorsal anschließenden Körperwand liegen die Zellkerne nur in einer Schicht nebeneinander. Oberhalb des ersten Stigmas befindet sich eine Invagination, die aber keine Beziehung zu irgendeiner Imaginalscheibe hat. Die Hypodermis ist von einer kräftigen Kutikula umgeben.

Mesothorax (Abb. 12). Der Schnitt liegt im Bereich der späteren „Flügelanlage". Die Hypodermis zeigt keine auffälligen Veränderungen.

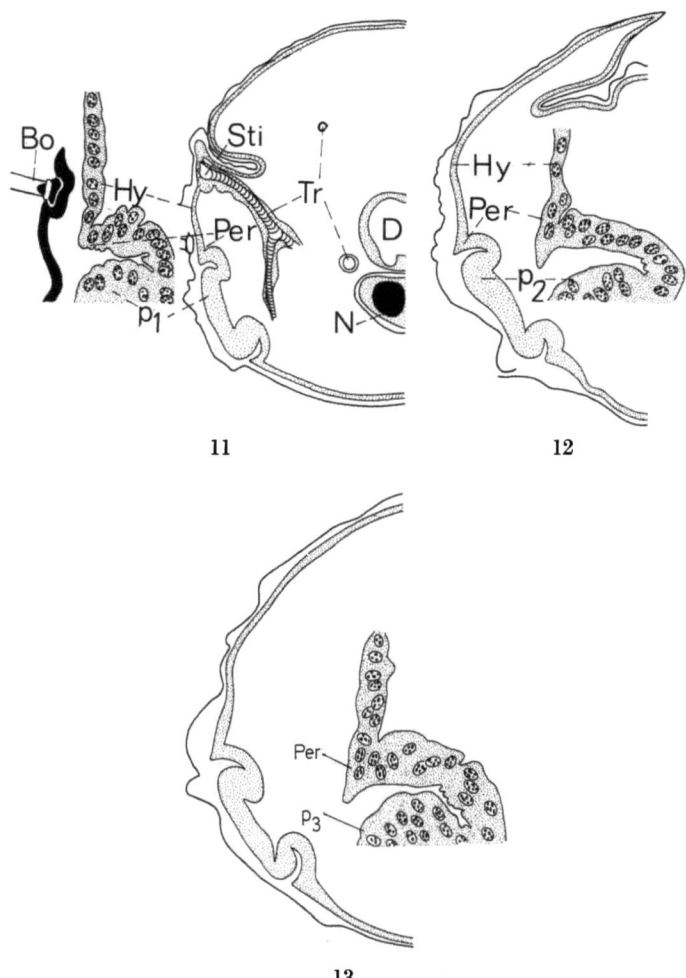

Abb. 11—13. *Ceratophyllus gallinae*. Larve III, kurz vor der Vorpuppe. — Abb. 11. Prothorax. Abb. 12. Mesothorax. Abb. 13. Metathorax

Der weitere Abstand der Zellkerne in der Hypodermis dorsal von der Beinscheibe läßt auf eine flachere Form dieser Zellen schließen. Ihre Zahl ist nicht vermehrt, es ist also noch keine Spur einer beginnenden Entwicklung des Anhanges zu erkennen. — Zwischen den Beinanlagen des Meso- und des Metathorax liegen die metathorakalen Stigmen; diese sind, worauf auch SHARIF schon hingewiesen hat, die kleinsten des ganzen Tracheensystems der Larve. Eine Öffnung nach außen habe ich nicht feststellen können.

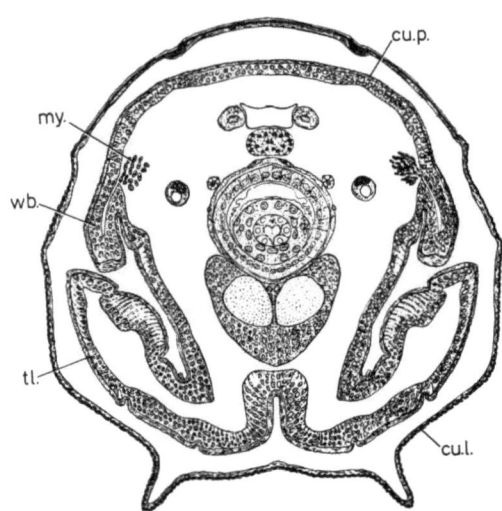

Abb. 14. *Nosopsyllus fasciatus.* Vorpuppe. Aus SHARIF (1937). — *cu. l.* Kutikula der Larve, *cu. p.* Kutikula der Puppe, *my.* Myoblasten. *w. b.* „Flügelanlage". *tl.* Beinanlage

Am Metathorax (Abb. 13) ist die Wand der Peripodialhöhle etwas stärker als bei den voraufgehenden Segmenten. Dorsal von dieser Peripodialhöhle, also in dem Bereich, in dem am Mesothorax später die Anhänge entstehen werden, zeigt sich auch hier keine Spur einer beginnenden Differenzierung. Dorsal von der Peripodialhöhle bildet sich eine Epidermis-Falte aus (Abb. 12), die auf jedem Thoraxsegment, nach vorn zunehmend, die alte Körperwand nach oben überwächst (s. nächstes Stadium).

Am Ende des III. (letzten) Larvenstadiums gibt es also noch keine Veränderungen in der Körperwand, die auf die Bildung von Anhängen schließen lassen könnten. Diese muß somit erst auftreten, nachdem sich die Larve eingesponnen hat, d.h. auf dem Stadium der Vorpuppe. Bei *Ceratophyllus gallinae* dauert das Vorpuppenstadium nur 3 Tage (s. S. 152).

SHARIF (1937 a, S. 530) beschreibt die Entwicklung der Anlagen wie folgt: „In the prepupa (Fig. 82, w.b.) each wing bud makes its first appearance in the form of a thickening in the pleural region which develops into a conical evagination of the body wall enclosing an extension of the body cavity." — Ich habe die Sharifsche Figur hier als Abb. 14 wiedergegeben. Siehe auch S. 178.

2. Vorpuppe, 14—22 Std alt (Abb. 15, 16)

Die alte Körperwand ist im vorderen Bereich des jeweiligen Segments durch die bei der Larve erwähnte Falte verdeckt. Die beiderseitigen Falten sind, nach oben wachsend, nunmehr miteinander verschmolzen.

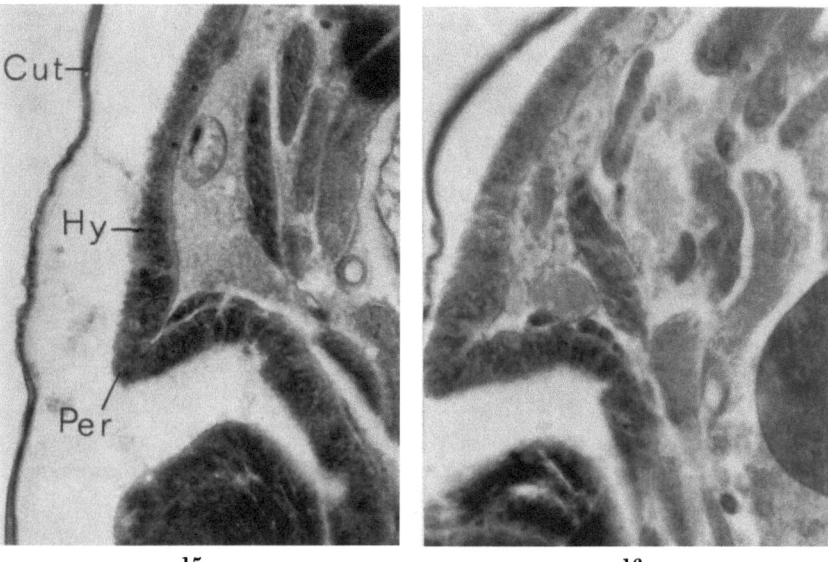

Abb. 15 u. 16. *Ceratophyllus gallinae*. Vorpuppe, 14—22 Std alt. — Abb. 15. Mesothorax. Abb. 16. Metathorax. *Hy* hier: Verdickung der Hypodermis

Am vorderen Rand dieses Bereiches sind die alte Wand und auch die ihr zugewandte Seite der verschmolzenen Falten bereits abgebaut, so daß die äußeren Wände der Falten die neue Körperwand bilden. Die Beinanlagen sind erheblich gewachsen. Auch die Peripodialhöhlen haben sich ausgedehnt. An Hand der Schnitte kann nicht sicher gesagt werden, ob Material von ihrem Rand bei der dorsalen Ausdehnung der erwähnten Falten ebenfalls dorsal gewandert ist. Notum und Pleuralgebiet lassen sich auf diesem Stadium nicht gegeneinander abgrenzen.

Am Mesothorax (Abb. 15) ist dorsal von der Peripodialhöhle eine schwache Verdickung der Epidermis zu erkennen, die nach ihrer Lage als die beginnende Entwicklung der Anhänge gedeutet werden muß.

Die gleiche Verdickung an der gleichen Stelle zeigt sich auch am *Metathorax* (Abb. 16); sie beansprucht natürlich ein besonderes Interesse.

3. Vorpuppe, 36—50 Std alt (Abb. 17—21)

An allen Thoraxsegmenten sind die Beinanlagen weiter gewachsen, während die Peripodialhöhlen nur noch schwer zu erkennen sind. Die Hypodermis hat zu diesem Zeitpunkt noch keine (lichtmikroskopisch sichtbare) Kutikula gebildet.

Prothorax. Der Schnitt in Abb. 17 liegt in der Mitte zwischen dem Beinansatz und dem ersten Stigma. Die Epidermis zeigt hier, wie auch

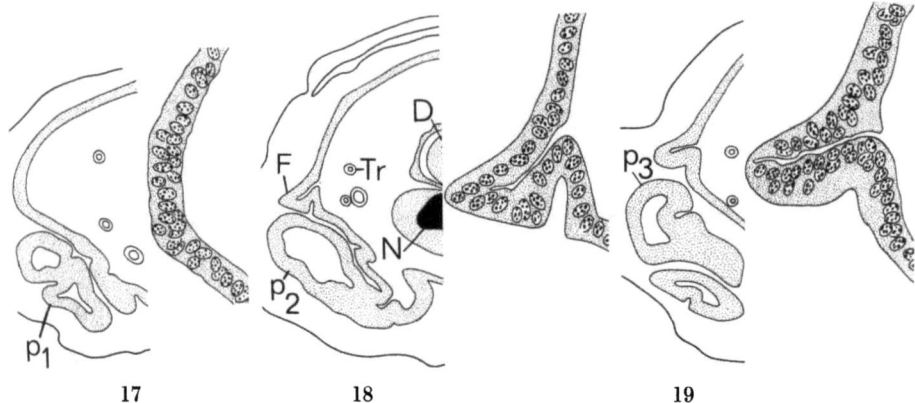

Abb. 17—19. *Ceratophyllus gallinae*. Vorpuppe, 36—50 Std alt. — Abb. 17. Prothorax. Abb. 18. Mesothorax. Abb. 19. Metathorax. *F* hier: Beginn der Entwicklung der Falte zur sog. „Flügelanlage"

weiter orad, keine von der übrigen Körperwand abweichende Verdickung oder Faltenbildung. Erst an der Mündung des Stigmas verstärkt sich die Körperwand und bildet hier eine fleischige Einstülpung aus gestreckten Zellen.

Mesothorax. Etwa 80 μ^3 hinter dem Ende der prothorakalen Beinanlage beginnt die laterale Körperwand sich zu verdicken und geht nach ungefähr 25 μ allmählich in eine Falte über, die sich vergrößert und etwa 60 μ weiter caudad oberhalb des beginnenden Beinansatzes ihre größte Ausdehnung erreicht (Abb. 18), aber schon 18 μ dahinter endet. Nach weiteren 24 μ ist auch die laterale Verdickung der Hypodermis zu Ende. Der Beinansatz endet etwa 30 μ dahinter. 24 μ weiter caudad beginnt das Metathorakalstigma. Die Falten sind nur wenig dicker als die benachbarte Hypodermis. Sie schließen ein sehr schmales Lumen ein, das eine Fortsetzung der Körperhöhle darstellt. Im Querschnitt heben sie sich deutlich von der Körperwand ab. Nach ihrer Gestalt und Lage handelt es sich zweifellos um die „Flügelanlagen", wie sie SHARIF auch bei *Nosopsyllus* beschrieben hat.

Metathorax. 18 μ hinter dem am Mesothorax nach außen mündenden Metathorakalstigma fällt eine weitere Verdickung der Körperwand auf, die derjenigen gleicht, die dem Beginn der mesothorakalen Anlage vorausging. 25 μ weiter, also in der gleichen Entfernung wie am Mesothorax, geht auch sie allmählich in eine Falte über, die eine Länge von etwa 60 μ erreicht und in ihrer Breite der mesothorakalen Falte entspricht (Abb. 19).

---

3. Um die beschriebenen Strukturen topographisch besser festzulegen, gebe ich im folgenden ihre absoluten Entfernungen voneinander an.

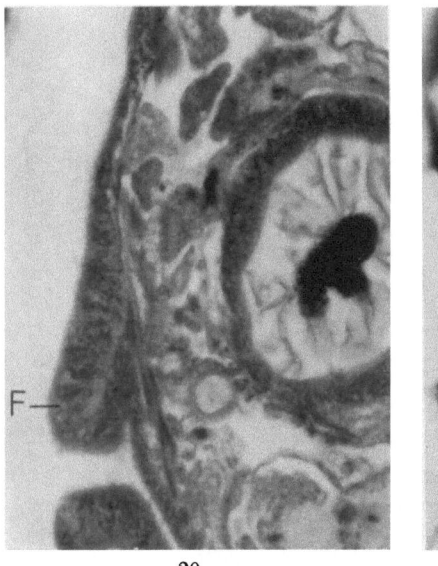 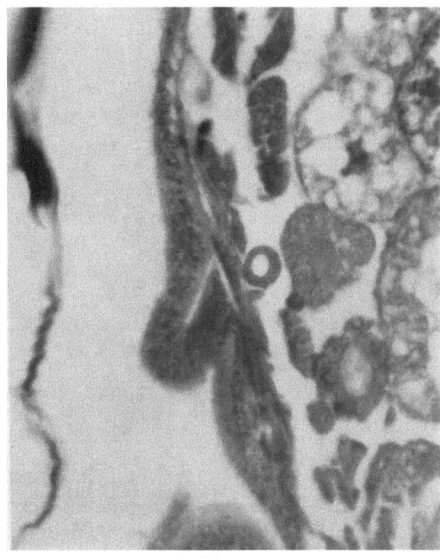

20   21

Abb. 20 und 21. *Ceratophyllus gallinae.* Vorpuppe, innerhalb der Spanne von 36—50 Std, etwas älter als in Abb. 17—19. — Abb. 20. Mesothorax. Abb. 21. Metathorax

Die metathorakale Beinanlage setzt 84 µ hinter dem Metathorakalstigma am Körper an und endet nach weiteren 90 µ.

Die Falte am Metathorax gleicht in ihrer Lage und Größe so sehr der mesothorakalen, daß ich keinen Grund sehe, sie nicht als serial homolog zu dieser anzusehen. Sie ist noch etwas kräftiger ausgebildet als die mesothorakale Falte. Ihre Zellen sind länger und stehen dichter als die der benachbarten Epidermis. Die Kerne liegen in den Zellen in unterschiedlichen Höhen, so daß sie z.T. scheinbar in zwei Stockwerken stehen und zwei Zellschichten vortäuschen, worauf auch SHARIF für die mesothorakalen Anhänge hinweist.

Sowohl am Mesothorax als auch am Metathorax fand ich — in Übereinstimmung mit SHARIFs Befund bei *Nosophyllus* — auch bei *Ceratophyllus* keine Tracheen, die in die Falten hineinziehen. Phagocyten und eine Anhäufung von Myoblasten, wie SHARIF sie erwähnt, sind mir in der Nachbarschaft der Anhänge nicht aufgefallen.

Die mesothorakalen und metathorakalen Falten entsprechen der Lage der beim vorigen Stadium beschriebenen leichten Verdickungen der Epidermis, sind aber ausgedehnter als diese.

Bei einer Vorpuppe innerhalb derselben Altersgrenzen (36—50 Std), die aber nach ihrem Entwicklungsgrad etwas älter sein muß als die eben

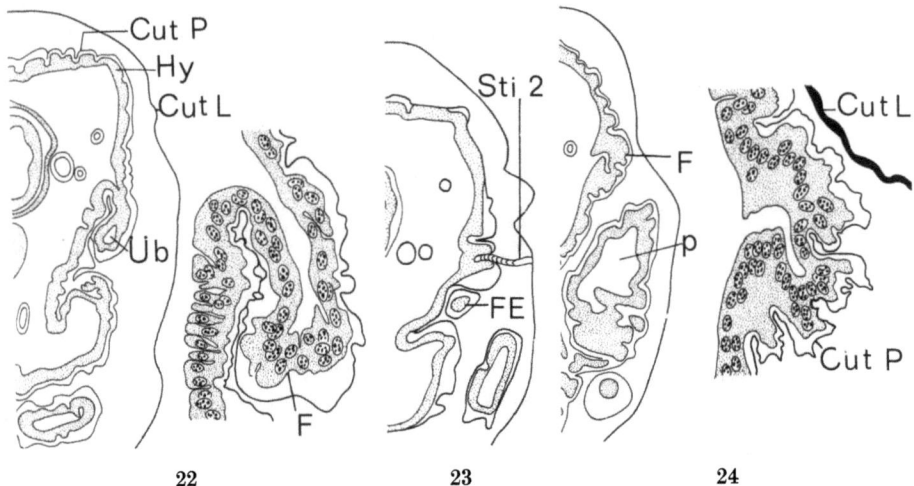

Abb. 22—24. *Ceratophyllus gallinae*. Vorpuppe, ca. 60 Std alt. — Abb. 22. Mittlerer Mesothorax. Abb. 23. Hinterer Mesothorax. Abb. 24. Metathorax. *Üb* Übergang der Falte in die Ausstülpung (,,Flügelanlage")

beschriebene, ist bereits eine Puppen-Kutikula zu erkennen. Die Falten am Mesothorax und am Metathorax sind weiter gewachsen und übertreffen in der Dicke der Epidermis die übrige Körperwand (Abb. 20, 21). Ihre Zellen haben sich gestreckt, und die Kerne liegen in unterschiedlicher Höhe. Die Ähnlichkeit der Falten am Meso- und Metathorax ist hier noch deutlicher. Dieses Stadium ähnelt am meisten der Abbildung und Beschreibung der mesothorakalen ,,Flügelanlagen" bei SHARIF (hier als Abb. 14 wiedergegeben). Über die Zellen dieser Anhänge schreibt er:
,, . . . but in the prepupal stage they proliferate and are smaller than those of the surrounding ectoderm and form a thick layer which appears to be composed of several layers of cells. This thickness and multi-layered condition is due to crowding of cells in the wing bud, which is caused by rearrangement of the cell contents so that nuclei lie at different levels. Each cell reaches from the inner to the outer side of the wing bud, but the position of nuclei at different levels give it the multilayered appearance, though in reality it is single layered."

4. Späte Vorpuppe, etwa 15 Std älter
als die zuletzt besprochene Vorpuppe, nur wenige Stunden
vor der Verpuppung (Abb. 22—24)

Die Zellen der Hypodermis haben begonnen, sich ungleichmäßig zu strecken, so daß die Hypodermis eine wellige Oberfläche zeigt. Die Schnitte lassen bei diesem Entwicklungsstadium eine feine Puppenkutikula erkennen.

Prothorax. Das Notum nimmt ventrad in Richtung auf die Stigmen an Dicke zu, ist aber nicht deutlich gegen die Pleuren abzugrenzen. Die Trachee mündet in ein kurzes nach vorn gerichtetes Stigma. Falten, die an Flügelanlagen erinnern, sind am Prothorax nicht festzustellen; sie wären aber in diesem Stadium wegen der Unregelmäßigkeit der Hypodermis auch schwer zu erkennen, wenn sie nicht deutlich ausgeprägt sind.

Mesothorax. Etwa am Ende des Ansatzes des ersten Beines beginnt die mesothorakale Falte. Ihre Wände sind zunächst dünner als die dorsal von ihr gelegene Hypodermis, sie verstärken sich aber nach hinten ein wenig. Im Vergleich mit der zuvor beschriebenen Vorpuppe ist auf diesem älteren Stadium die Falte im Bereich ihrer größten Ausdehnung in distaler Richtung auf etwa das Doppelte vergrößert. Auch ihr Lumen hat sich erweitert und erreicht nun fast die Stärke der Wände. Die Falte erstreckt sich über 90 µ und geht dann in eine Ausstülpung über (Abb. 22), die schräg nach hinten-unten gerichtet ist und nach etwa 18 µ unmittelbar vor dem Metathorakalstigma endet. An ihrer distalen Kante ist die Falte besonders stark. Die Zellen sind hier gestreckt, und ihre Kerne liegen in verschiedenen Höhen, so daß sie zwei Zellschichten vortäuschen können (s.o.). Darin wie auch in Form und Größe ähnelt die Falte sehr der, die SHARIF im Schnittbild dargestellt hat (Abb. 14).

Das zweite Bein setzt 36 µ hinter dem Beginn der Falte am Körper an, sein Ansatz endet 30 µ hinter dem Metathorakalstigma (Abb. 23).

Metathorax. Einen anderen Verlauf nimmt dagegen die Entwicklung der metathorakalen Falte. Sie beginnt mit einer schwachen Vorwölbung 16 µ hinter dem Ende des Ansatzes des dritten Beines, die allmählich in eine besonders in ihrem dorsalen und ventralen Bereich fleischige Falte mit einem schmalen Lumen übergeht (Abb. 24). Gegenüber dem jüngeren Stadium haben sich zwar ihre Zellen verlängert, aber die ganze Falte hat nicht an Länge zugenommen. Ihre Länge beträgt etwa 120 µ. Sie geht allmählich wieder in den Thorax über und endet 12 µ hinter dem Beginn des letzten Beinansatzes, ohne irgendeine blindsackförmige Ausstülpung zu bilden.

Schon auf diesem Stadium ist also die seriale Homologie der Falten beider Segmente nur noch schwer zu erkennen; sie ist nur für eine kurze Zeitdauer offenkundig und eindeutig.

Noch vor dem Schlüpfen der Puppe verlängert sich die mesothorakale Ausstülpung vor allem nach unten und wächst endwärts zu einer feinen Spitze aus. Diese ist blind geschlossen, und auch ihre Kutikula zeigt keine Spur von einer Öffnung. Zugleich beginnt die Falte sich nach vorne abzuschnüren, so daß die Ausstülpung sich weiter verlängert. Der Anhang liegt schließlich wie ein ventrad gekrümmter spitzer Handschuhfinger, der proximal einer Falte entspringt, seitlich oberhalb des Beines dem Körper an.

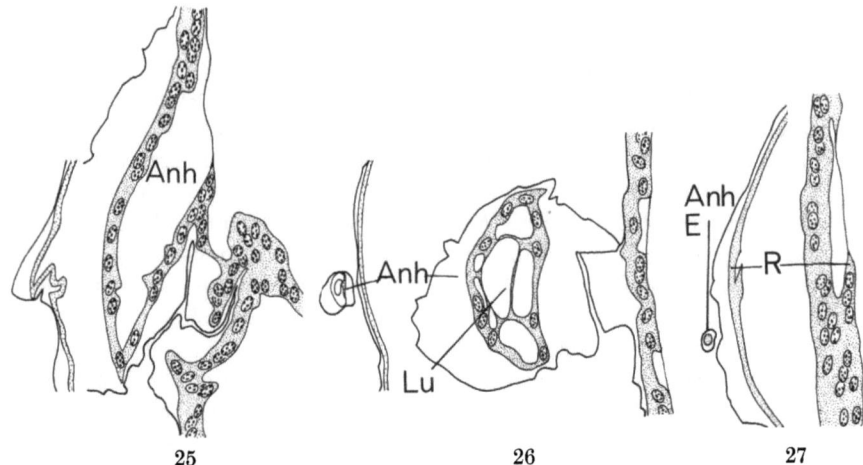

Abb. 25—27. *Ceratophyllus gallinae*. Puppe, 0—12 Std alt. — Abb. 25. Mittlerer Mesothorax. Abb. 26. Hinterer Mesothorax. Abb. 27. Metathorax. *Anh* Anhang („Flügelanlage"), *Lu* sein Lumen, *R* Rest der Falte

5. Junge Puppe, bis 12 Std alt (Abb. 25, 26, 27)

Etwa 3 Tage nach dem Einspinnen schlüpft die Puppe im Kokon aus der Larvenhaut. Diese platzt unmittelbar hinter der Kopfkapsel auf, es bildet sich ein dorsomedianer Riß, der sich caudad allmählich erweitert. Beim langsamen Hinausgleiten — das Schlüpfen dauert mehrere Stunden — findet eine Umorientierung der Körperanhänge statt. Die bei der Vorpuppe orad gerichteten Antennen werden nach hinten und ventrad gerichtet, so daß sie schließlich den Coxen des ersten Beinpaares anliegen. Die eng zusammengefalteten Beine werden auseinandergezogen und schräg nach hinten gelegt. Die Anhänge werden beim Schlüpfen der Puppe äußerlich sichtbar. Sie ragen äußerlich erst im Puppenstadium in das Gebiet des Metathorax hinein; dies hängt mit ihrer Aufrichtung in die Frontalebene und der Verkürzung der Körperlängsachse der Puppe gegenüber der Vorpuppe zusammen. Die laterale Abplattung (Kompression) und die longitudinale Kontraktion der Puppe beginnt während des Schlüpfens, findet aber erst einige Stunden danach ihren Abschluß. Frisch geschlüpfte Puppen sind daher oft an ihrem im Querschnitt noch stärker gerundeten und längeren Abdomen von älteren Puppen zu unterscheiden.

Die hier dargestellte Puppe ist 65—77 Std nach der Kokonbildung und 0—12 Std nach dem Schlüpfen fixiert worden.

Ihr Prothorax trägt die bereits bei der Eidonomie erwähnten Erhebungen der Mesothorakalstigmen. Im Querschnitt erkennt man die kreisförmige, nach außen offene Tracheenmündung. Die prothorakalen Ausstülpungen haben also nichts mit den größeren und blind geschlossenen mesothorakalen Ausstülpungen zu tun, die keine Spur von Tracheen erkennen lassen.

Am Mesothorax beginnt etwa 90 µ hinter den Stigmen der Ansatz des Mittelbeines, der sich über etwa 100 µ erstreckt. 54 µ hinter seinem Anfang ist der Ansatz einer Falte zu erkennen (Abb. 25), die sich nach hinten allmählich vergrößert. 54 µ weiter caudad geht die Falte in eine Ausstülpung der Epidermis über, die nach weiteren 78 µ blind endet (Abb. 27, ganz links). Der Hohlraum der Ausstülpung steht mit der Körperhöhle in Verbindung (Abb. 26). Die Epidermis bildet hier keine geschlossene Zellschicht mehr, wie noch in der späten Vorpuppe, sondern ihre Zellen sind an der Basis schmal und lassen zwischen sich große Interzellularen frei. Nur die Basalmembran umgibt lückenlos den Hohlraum. Diese Streckung der Zellen („Stelzenzellen") und Interzellularbildung findet sich auch bei den Beinen, die im Querschnitt der mesothorakalen Ausstülpung sehr ähneln. Sie ist typisch für den Häutungszustand des Tieres.

Metathorax. Das zweite Stigmenpaar konnte ich bei diesem Puppenstadium nicht finden, es wird erst wieder neu gebildet. 12 µ vor dem Ende der mesothorakalen Ausstülpung zeigt der Metathorax eine schwache laterale Anschwellung (Abb. 27); 18 µ dahinter beginnt der Ansatz des dritten Beines. Die Verdickung erstreckt sich über 54 µ, der Beinansatz über 90 µ. Da sie an der Stelle der metathorakalen Falte der späten Vorpuppe liegt, ist diese Anschwellung zweifellos ein Überbleibsel der genannten Falte. Bei einer — nach ihrem rundlichen Querschnitt zu urteilen — noch etwas jüngeren Puppe der gleichen Altersstufe (0—12 Std nach dem Schlüpfen) war die Falte noch deutlicher und ließ auch noch ihr Lumen erkennen.

6. Puppe 12—24 Stunden alt (Abb. 28)

Puppe, fixiert 77—89 Std nach dem Einspinnen der Larve, das sind etwa 12—24 Std nach dem Schlüpfen der Puppe aus der Larvenhaut; Frontalschnitt (Abb. 28). Die Schnittebene liegt etwa 18 µ dorsal vor dem zweiten pupalen Stigmenpaar, das hier bereits gut zu erkennen ist. Die Basalmembran biegt in die Basis der Anhänge ein, die auch ein schmales Lumen erkennen lassen. Es handelt sich also um eine Aussackung der Körperwand und nicht etwa um einen nur aus einer einfachen Zellschicht bestehenden kompakten Auswuchs. Die Ausstülpung reicht hier noch fast bis an das Ende des sie umgebenden Kutikula-Sackes. Das Stigmenpaar liegt caudad unmittelbar hinter den Basen der Anhänge, ist also, verglichen mit dem Vorpuppenstadium, nach vorne gerückt, indem es aufgelöst und an der Basis der Anhänge neu gebildet wurde. Orad von der Basis sind die Zellen der Epidermis auffallend gestreckt, und es sind

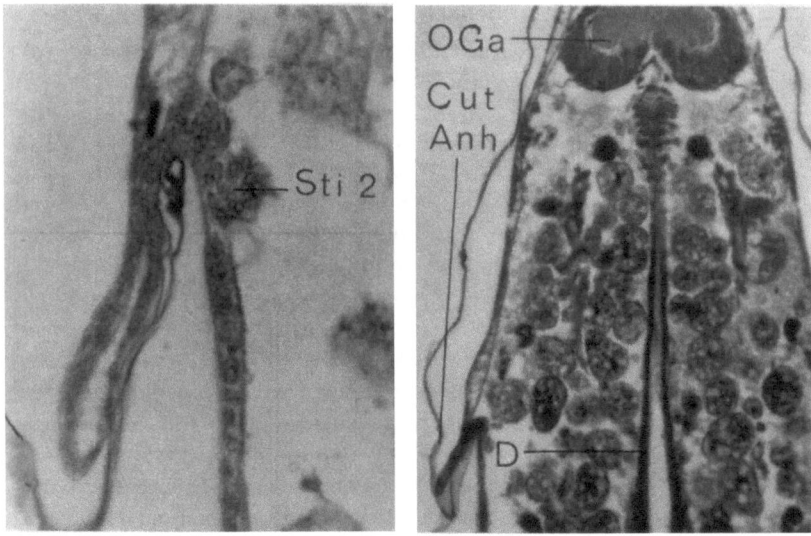

Abb. 28. *Ceratophyllus gallinae*. Puppe, 12—24 Std alt. Frontalschnitt mit dem Anhang. Der rechts dargestellte Schnitt liegt 6 μ höher als im linken Bild.
Cut Anh Ausstülpung der Kutikula des Anhanges

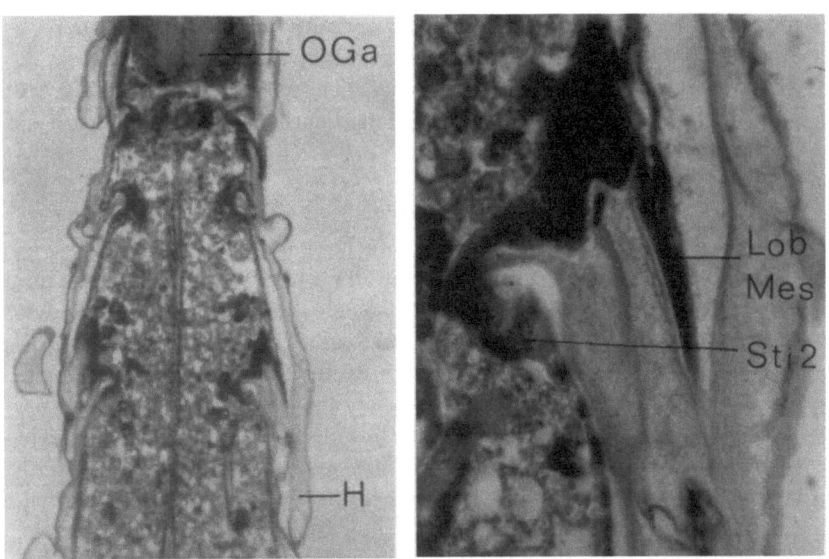

Abb. 29. *Ceratophyllus gallinae*. Puppe, 24—48 Std alt. Frontalschnitt

große Interzellularen zu erkennen. Die dadurch bedingte Anschwellung der Epidermis erstreckt sich ventrad über 54 µ, der jeweilige Anhang über 36 µ, er bedeckt also das Stigma. In dorsaler Richtung endet der Anhang nach 6 µ. Die Anschwellung der Epidermis läßt sich etwa 40 µ weit in dorsaler Richtung verfolgen.

7. Puppe 24—48 Std alt (Abb. 29)

Die Abbildung zeigt einen Frontalschnitt durch eine Puppe, die ungefähr einen Tag älter ist als die eben besprochene. Die kutikulare Hülle des Anhanges (rechte Seite) liegt als leerer Schlauch neben dem Körper. Dadurch kann der Eindruck entstehen, als sei der Anhang völlig resorbiert, wie es SHARIF beschreibt. Orientieren wir uns aber an der Lage des zweiten Stigmenpaares und betrachten dessen Umgebung im Vergleich mit der vorher beschriebenen Puppe, so wird deutlich, daß der Anhang nicht völlig abgebaut worden sein kann. Er bedeckte ja mit seinem unteren Teil das zweite Stigma, und das ist auch jetzt noch der Fall. Das zweite Stigma liegt aber jetzt nicht mehr neben der Basis der kutikularen Hülle des Anhanges, sondern ist, relativ zu ihr, nach vorn verlagert und mit dem Stigma auch der Anhang, der dabei aus der Hülle herausgezogen worden ist. Dies ist mit der Verkleinerung des Volumens der sich entwickelnden Imago gegenüber der Puppe zu erklären.

Die Epidermis-Ausstülpung ist kollabiert und bildet einen Lobus. Die Zellen des Anhanges sind nicht mehr gestreckt, sie lassen auch keine Interzellularen mehr erkennen. Die Anhänge verkürzen sich etwa auf die Hälfte ihrer vorherigen Länge. Der proximale Teil bleibt dagegen erhalten und verbreitert sich in dorsoventraler Richtung.

8. Puppe, etwa 8 Tage nach dem Schlüpfen (Abb. 30, 31, 32)

Als letztes Stadium betrachten wir eine Puppe, die 218—230 Std nach der Kokonbildung fixiert wurde. Hier sind bereits imaginale Skelettelemente ausgebildet, die es ermöglichen, den Verbleib der ,,wing buds" bei der Imago festzustellen. Das Stigma hat sich in eine Höhle zurückgezogen, die von einem Lobus bedeckt wird (Abb. 31). Dieser ist unweit seiner Basis etwas eingeschnürt und trägt eine *große Borste, die in die leere kutikulare Hülle des mesothorakalen Anhanges hineingewachsen* ist. Topographisch entspricht das Gebiet der ,,wing buds" dem posteroventralen Bereich der Falte. Diese ist aber nichts anderes als das zukünftige *Mesepimeron*, das sich offenbar orad noch weiter unter gleichzeitiger Verbreiterung seines proximalen Bereiches abgeschnürt hat. Es reicht ventrad bis an die Oberkante der Coxen und verdeckt so das Stigma völlig.

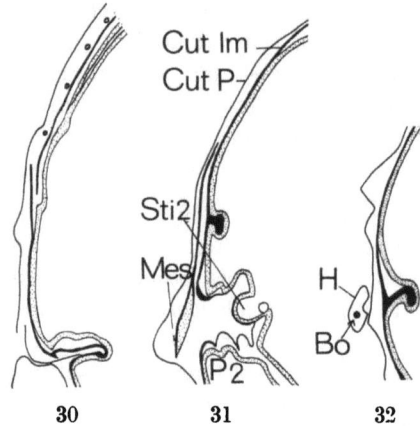

Abb. 30—32. *Ceratophyllus gallinae*. Puppe, ca. 8 Tage alt. — Abb. 30. Mittlerer Mesothorax. Abb. 31. Hinterer Mesothorax. Abb. 32. Hinterer Metathorax

II. Die Entwicklung der entsprechenden Thorax-Bereiche bei Xenopsylla cheopis

1. Larve

Eine Larve, die kurz vor dem Spinnen des Kokons, also dicht vor der Vorpuppe, fixiert wurde, ließ histologisch keine Spuren von Anhängen erkennen.

2. Vorpuppe, 0—24 Std (Abb. 33, 34)

Die Abbildungen zeigen im Querschnitt die Thoraxbereiche, die auch bei *Ceratophyllus* abgebildet wurden und in denen dort die Falten entstehen. Der *Mesothorax* läßt dorsal von den Peripodialhöhlen der Beine Anschwellungen der Hypodermis erkennen (Abb. 33), die sehr schwach und auch nicht so deutlich abgegrenzt sind wie bei *Ceratophyllus* (Abb. 15). Am *Metathorax* konnte ich keine Anzeichen einer beginnenden Faltenbildung erkennen (Abb. 34).

3. Vorpuppe, 24—48 Std (Abb. 35, 36)

Am *Prothorax* sind vor den Stigmen keine Faltenbildungen zu sehen. Etwa 130 μ hinter den Stigmen (= 30 μ vor dem Ende des ersten Ganglienknotens), also am *Mesothorax*, zeigt der Rand der Peripodialhöhle und des dorsal anschließenden Bereiches eine Verstärkung, die den Falten der ungefähr gleich alten Vorpuppe von *Ceratophyllus* (vgl. Abb. 18) gleicht. Auch bei *Xenopsylla* hat die Falte ein enges Lumen (Abb. 35). Das Bild zeigt das Maximum dieser Verdickung, die sich über etwa 70 μ bis zum Anfang des zweiten Ganglienknotens erstreckt. Der Rand der

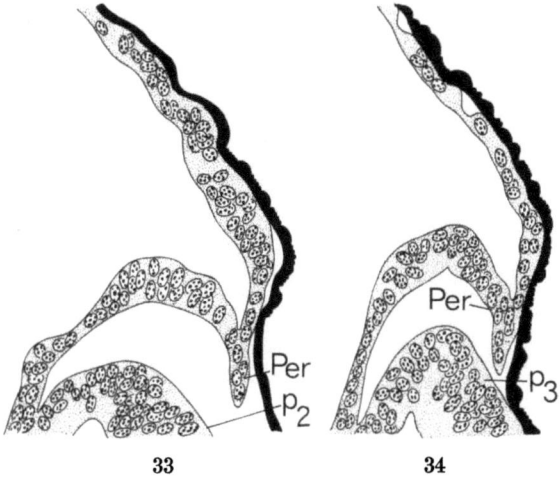

Abb. 33 u. 34. *Xenopsylla cheopis*. Vorpuppe, 0—24 Std alt. — Abb. 33. Mesothorax. Abb. 34. Metathorax

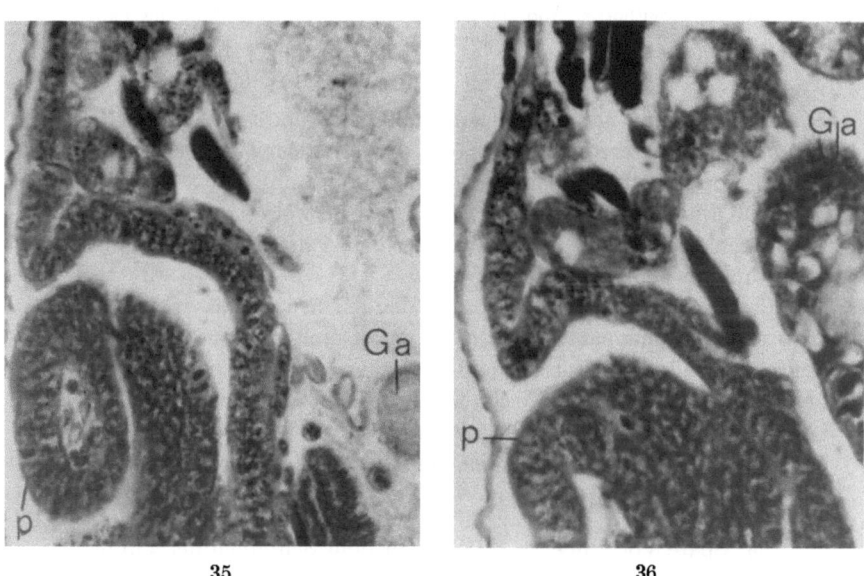

Abb. 35 u. 36. *Xenopsylla cheopis*. Vorpuppe, 24—48 Std alt. — Abb. 35. Mesothorax. Abb. 36. Metathorax

Peripodialhöhle setzt sich dahinter caudad weiter fort, ohne daß eine Verstärkung zu sehen ist. Etwa 120 μ weiter caudad endet der zweite Ganglienknoten. Hier liegt auch die Öffnung des zweiten Stigmas, 30 μ

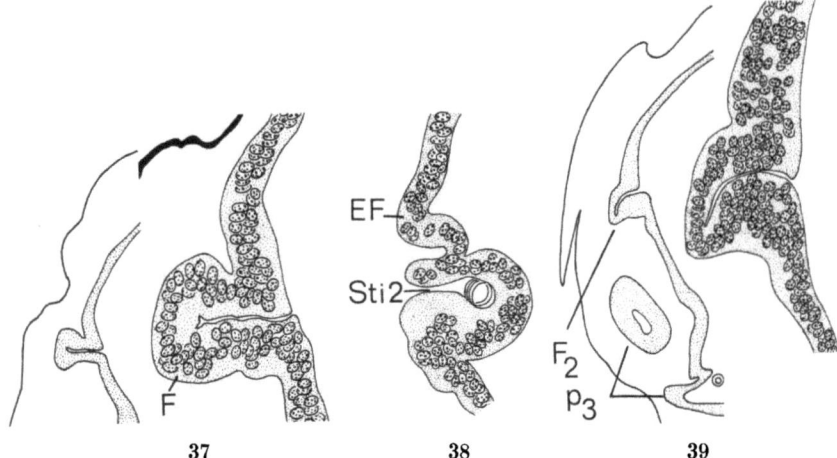

Abb. 37—39. *Xenopsylla cheopis*. Vorpuppe, innerhalb der Spanne von 24—48 Std, etwas älter als in Abb. 35 und 36. Die Falte (F) befindet sich auf dem Stadium, das der Vorstufe der Anlage bei Ceratophyllus entspricht (vgl. Abb. 20, 21). — Abb. 37 und 38. Mesothorax. Abb. 39. Metathorax. *EF* hinteres Ende der Falte (topographisch)

dahinter beginnt der dritte Ganglienknoten, und nach weiteren 30 μ, unmittelbar hinter dem Ansatz des dritten Beines, ist der Rand auch dieser Peripodialhöhle angeschwollen, und zwar über eine Strecke von etwa 50 μ hin (Abb. 36). Diese *metathorakalen* Falten erreichen hier aber nicht die Größe, wie sie die Anhänge und Falten am Metathorax von Ceratophyllus aufweisen.

Bei einer etwas älteren Vorpuppe der gleichen Altersstufe sind sowohl das erste Stigmenpaar als auch die meso- und metathorakalen Falten durch eine dorsale Furche deutlich gegen die Körperwand abgesetzt (Abb. 37, 39). Bei *Ceratophyllus* geht dagegen das Notum ohne Unterbrechung durch eine Rinne in die Falten über. Das zweite Stigmenpaar liegt unmittelbar ventral unter dem Ende der mesothorakalen Falte (Abb. 38).

4. Späte Vorpuppe, 0—24 Std vor dem Schlüpfen der Puppe
und somit etwa einen Tag älter als die vorige (Abb. 40, 41)

Die Hypodermis verändert sich auf diesem dem Schlüpfen der Puppe vorausgehenden Stadium ebenso wie bei *Ceratophyllus*: Die Zellen haben sich ungleichmäßig gestreckt, es treten Interzellularen auf, und die Kerne wandern zum distalen Teil der Zelle. Die Hypodermis wirkt faltig, und man kann bereits die neugebildete Puppen-Kutikula erkennen. Diese Zellveränderungen im Zuge der Metamorphose sind zyklisch und

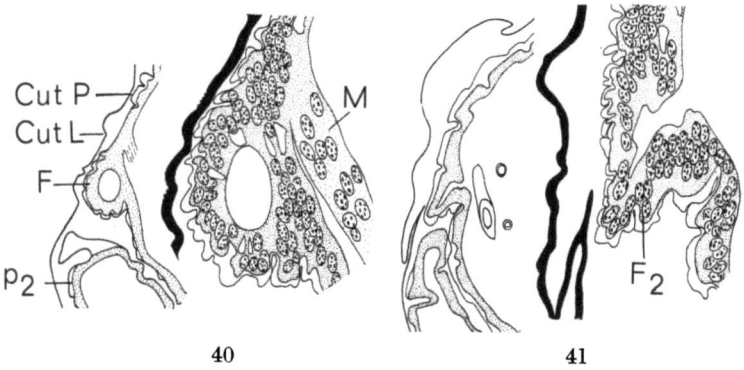

Abb. 40 u. 41. *Xenopsylla cheopis*. Späte Vorpuppe. — Abb. 40. Mesothorax.
Abb. 41. Metathorax. Die abgeschnürte Falte (*F*) entspricht der Vorstufe des Anhanges bei Ceratophyllus (vgl. Abb. 22). Die zweite Falte entspricht der metathorakalen Falte bei Ceratophyllus (vgl. Abb. 23)

reversibel, wie auch RICHARDS (1951, z.B. Abb. 40) zeigt. Am *Prothorax* bildet das erste Stigmenpaar zwei kurze, offene, nach vorn gerichtete Röhren, die in Einbuchtungen der Hypodermis liegen. Ihr Rand ist besonders dorsal stärker als die übrige Hypodermis des Prothorax. Die caudad auf das Stigmenpaar folgenden lateralen Körperwände sind dünner als die dorsal anschließende Körperwand. Etwa in der Querschnittebene der Mitte des ersten Ganglienknotens beginnt die Hypodermis sich auch im lateralen Bereich zu verstärken; sie geht allmählich in zwei Ausbuchtungen des *Mesothorax* über. Diese werden etwa in der Ebene der Mitte des zweiten Ganglienknotens durch einen Gewebestrang vom Körperhohlraum getrennt und schnüren sich zugleich im basalen Bereich ein, so daß sie deutlicher vom Körper abgesetzt sind (Abb. 40). Die Abschnürung zieht sich nur über etwa 20 µ hin und geht dann wieder in eine Ausbuchtung über, die nicht von der Körperhöhle getrennt ist. Dorsal von der Abschnürung setzt ein Gewebestrang an, der zu den Coxen zieht. Ungefähr am Ende des zweiten Ganglienknotens liegt in derselben Querschnittebene das zweite Stigmenpaar. Etwa in der Querschnittebene der Mitte des dritten Ganglienknotens wird am *Metathorax* eine weitere Ausbuchtung sichtbar, die in eine Falte mit engem Lumen übergeht (Abb. 41). Diese wird caudad wieder zu einer Ausbuchtung mit weitem Lumen. Die Falte gleicht derjenigen, die bei einer *Ceratophyllus*-Vorpuppe der entsprechenden Entwicklungsstufe zu sehen ist (Abb. 24). Die Zellen sind auch bei der *Xenopsylla*-Vorpuppe im Bereich der Falten stark gestreckt, und die Kerne liegen dicht gedrängt in unterschiedlichen Höhen. Lediglich am distalen Ende des Lumens ist — wie bei *Ceratophyllus* auch — die Hypodermis relativ dünn.

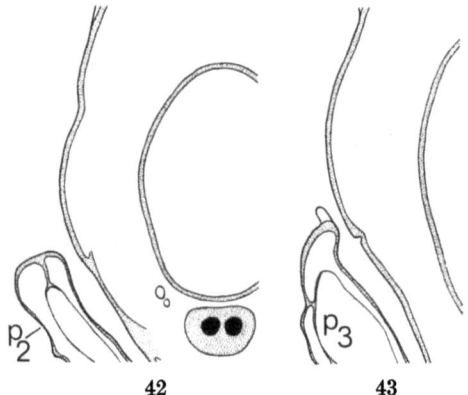

Abb. 42 u. 43. *Xenopsylla cheopis*. Puppe 0—24 Std alt. — Abb. 42. Mesothorax. Abb. 43. Metathorax

5. Puppe, 0—24 Std alt (Abb. 42, 43)

Es sind keine Strukturen festzustellen, die den mesothorakalen Anhängen von *Ceratophyllus* ähneln. Die laterale Epidermis zeigt weder Falten noch auffällige Anschwellungen in den Bereichen, die den Anhängen entsprechen. Auch am Metathorax ist keine Falte erkennbar.

6. Puppe, 8 Tage nach dem Schlüpfen (Abb. 44, 45)

Erst im Verlauf des Puppenstadiums bilden sich die Pleuralfalten, die bei *Xenopsylla* im Gegensatz zu *Ceratophyllus* das zweite Stigmenpaar nicht verdecken, so daß die Stigmen von außen sichtbar sind. Die Abbildungen zeigen Querschnitte durch eine bereits weit entwickelte Puppe. Die Kerne der Hypodermis liegen meist wieder parallel zur Oberfläche. Unter der Puppen-Kutikula hat sich schon die stärkere imaginale Kutikula ausgebildet. Im Laufe der weiteren Entwicklung wird die Hypodermis zu einer dünnen Schicht reduziert, die der Kutikula eng anliegt.

Spuren von Anhängen lassen sich weder am Pro- noch am Metathorax feststellen.

Die Anhänge treten also auch bei *Xenopsylla cheopis* auf. Ob das für alle Pulicoidea gilt, mag dahingestellt sein; immerhin liegt es nahe, es anzunehmen. Im Vergleich mit *Ceratophyllus* sind die Strukturen schwächer ausgebildet. Sie sind nur histologisch nachweisbar, es kommt nicht zu einer Ausstülpung nach außen. Das hat zur Folge, daß das Mesepimeron, in das der mesothorakale Anhang auch hier eingeht, bei *Xenopsylla* nicht in einen Lobus ausgezogen ist, der, wie bei *Ceratophyllus*, das zweite Stigma verdecken könnte. Bei allen Pulicidae liegt auf dem Imaginalstadium das zweite Thorakalstigma frei zutage (WAGNER, 1939,

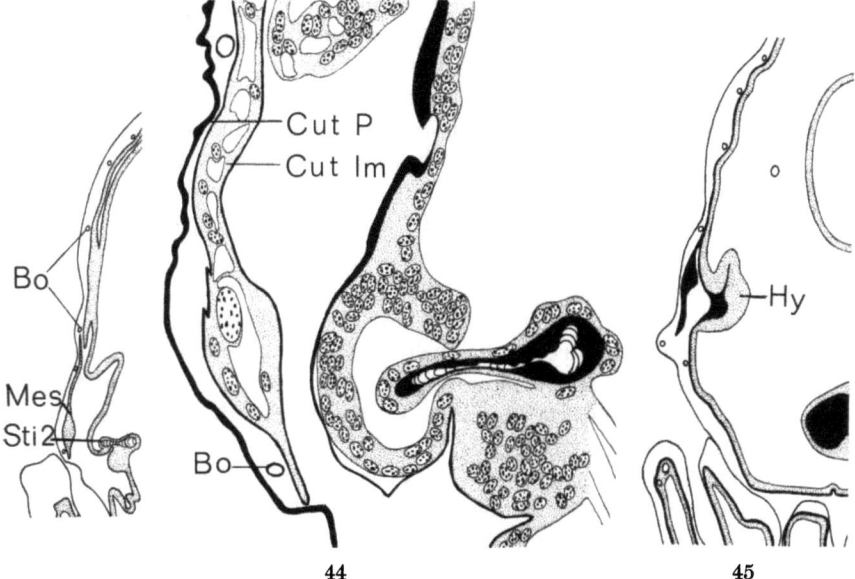

Abb. 44 u. 45. *Xenopsylla cheopis*. Puppe, 8 Tage alt. — Abb. 44. Hinterer Mesothorax. Abb. 45. Hinterer Metathorax. *Mes* hier: Topographisches Ende des Mesepimerons

S. 63). Das würde natürlich auch der Fall sein, wenn es keinerlei Anhänge gäbe; die freie Lage des Stigmas besagt lediglich, daß die Anhänge, soweit und sofern sie auftreten, in der Ausdehnung sehr reduziert sind. Da bei allen Ceratophylloidea-Imagines das zweite Stigma vom terminalen Lobus des Mesepimerons verdeckt ist, steht die Situation des Stigmas bei den untersuchten Familien in einer Parallele zum Fehlen oder Vorhandensein einer Ausstülpung am Mesothorax der Puppe.

F. Diskussion

Die wesentliche Frage lautet: Sind die beschriebenen Strukturen wirklich Anlagen von *Flügeln*?

Die Auffassung SHARIFs, daß dies der Fall sei, ist von allen nachfolgenden Autoren übernommen worden. Abgelehnt hat sie, soviel ich sehe, nur BEIER (1937, S. 2004): „Flügel sind niemals vorhanden, und es lassen sich auch Anlagen von solchen nicht nachweisen. Die von SHARIF (1935) angeblich bei der Puppe aufgefundenen ,,wing bugs"[4] sind wohl nichts anderes als die Sklerite der Mesothorakalstigmen." Eine Begründung für diese Deutung gibt BEIER nicht.

---
4. Druckfehler für „wing buds".

Für die Antwort auf unsere Frage können die folgenden vier Kriterien herangezogen werden: 1. Verteilung auf die Thoraxsegmente, 2. die morphologische Lokalisierung auf dem Segment, 3. ihr Schicksal und 4. ihre histologisch-morphologische Struktur.

Am Ende dieser Erörterungen wird schließlich die alte und immer wieder ventilierte Frage nach der phylogenetischen Verwandtschaft der Flöhe innerhalb der Holometabola aufstehen: Können die hier vorgelegten neuen Befunde zu einer Antwort beisteuern ?

1. Die Verteilung der Anhänge auf die Segmente des Thorax

SHARIF (1935, S. 530) betont: ,,They (die ,,Flügelanlagen'') are only found on the mesothorax and no such structures are found on the metathorax.'' Diese Aussage stimmt, soweit sie sich auf die zipfelförmigen Ausstülpungen außen am Mesothorax bezieht. Für den histologischen Sachverhalt stimmt sie nicht.

Bei *Ceratophyllus gallinae* — einem Vertreter der Ceratophylloidea, aus denen noch keine Puppe ohne die äußerlich sichtbaren Ausstülpungen am Mesothorax bekannt ist (vgl. S. 159) — tritt auf dem Stadium der Vorpuppe, wenn auch nur für eine kurze Dauer, auch am Metathorax eine Falte auf, die histologisch der mesothorakalen Bildung völlig gleicht, aber äußerlich unsichtbar bleibt. Ferner treten auch bei *Xenopsylla cheopis* — Vertreter der Pulicoidea, aus denen keine Puppe mit äußerlich sichtbaren Ausstülpungen bekannt ist — am Mesothorax und am Metathorax histologisch nachweisbare Strukturen auf, die denjenigen bei *Ceratophyllus* offenbar homolog sind. Übereinstimmend bei *Ceratophyllus* und *Xenopsylla* sind die Strukturen und Differenzierungen im Gewebe des Metathorax deutlich schwächer ausgebildet und viel früher wieder verschwunden als am Mesothorax. Am Prothorax konnten auch histologisch keine Spuren entsprechender Bildungen nachgewiesen werden, weder bei *Ceratophyllus* noch bei *Xenopsylla*.

Diese Tatsachen — Auftreten an den beiden Segmenten, die bei den Pterygoten die Flügelträger sind, Fehlen am Prothorax — sprechen, auf den ersten Blick, natürlich sehr für den Verdacht, daß es sich bei diesen Bildungen tatsächlich um Flügelanlagen handelt.

Auffallend ist es, daß die Anhänge nicht in Peripodialhöhlen eingeschlossen sind, sondern als einfache Ausstülpungen (Falten) entstehen. SHARIF (1937, S. 530) bemerkt dazu: ,,The wing buds at no stage are lodged in the peripodial cavities. Their late and superficial formation without any peripodial cavities should in no way discredit their being called wing buds, as in some Coleoptera (TOWER, 1903, p. 528; POWELL, 1904, 1905; MURRAY and TIEGS, 1935, p. 413) the wing buds make their first appearance in the prepupa, have no peripodial cavities and from the beginning lie outside the body.''

Es sei an dieser Stelle ein Widerspruch zwischen WASSERBURGER (1961), der die „Flügelanlagen" des *Nosopsyllus* ebenfalls histologisch untersucht hat, und SHARIF (1937, a) aufzulösen versucht. Die Gegensätzlichkeiten, wie sie sich im Entwicklungsgrad und in der Gestalt der Anhänge zeigen, beruhen offenbar lediglich darauf, daß die Autoren verschiedene Altersstufen vor sich gehabt haben. SHARIF zeigt einen Querschnitt durch eine Vorpuppe mit lateralen Ausstülpungen, während WASSERBURGER einen Schnitt durch eine Puppe abbildet, die eine Einstülpung erkennen läßt; diese unterscheidet sich durch die Dicke ihrer Zellschicht von der umgebenden Epidermis. Da die Anhänge nur auf Querschnitten durch junge Puppen deutlich zu erkennen sind, ist es denkbar, daß WASSERBURGER sie auf dem abgebildeten Exemplar nicht mehr erkennen konnte. Dieses zeigt neben der Einstülpung bereits einen so kräftig ausgebildeten Dorsoventralmuskel, wie ich ihn bei jungen Puppen noch nicht beobachtet habe. Auch die körnige Struktur und kräftige Färbung des Körperinneren fand ich nur bei älteren Puppen. Paarige Einstülpungen, die der Abbildung WASSERBURGERs ähneln, fand ich am vorderen Metathorax sowohl bei älteren Xenopsylla-Puppen (einige Tage alt) als auch bei Ceratophyllus-Puppen. Sie entstehen während des Puppenstadiums und sind bei frisch geschlüpften Puppen noch nichtdeutlich zu erkennen. Sie scheiden bei den älteren Puppen eine Substanz aus, die sich ebenso wie die Kutikula färbt (rot und blau) und wohl mit dieser identisch ist (Abb. 45). Daß WASSERBURGER diese Strukturen bei *Xenopsylla* nicht beobachtet hat, könnte vielleicht damit erklärt werden, daß er nur sehr junge Puppen gehabt hat.

Es muß geprüft werden, ob unsere Frage auch den anderen Kriterien standhält.

2. Die morphologische Lokalisierung der Anhänge auf dem Segment

SHARIF bezeichnet das Gebiet der Pleuren als den Entstehungsort der „wing buds". SNODGRASS (1946, S. 20) widerspricht dieser Lokalisierung: „Though SHARIF says the ‚wing buds' of *Nosopsyllus fasciatus* (Bosc) develop on the ‚pleural region' of the mesothorax, his sectional figure (1937, Fig. 82) shows them as folds of the tergal margins above the pleural areas and therefore having the normal position of wings." Die Sharifsche Figur, auf die SNODGRASS sich beruft, habe ich hier als Abb. 14 wiedergegeben. Sie zeigt eine Vorpuppe, die bereits eine dünne Puppenkutikula gebildet hat und nach ihrer Beschaffenheit etwa einer *Ceratophyllus*-Vorpuppe gegen Ende der 36—50 Std alten Stufe entsprechen dürfte. In diesem Stadium ist aber das Pleuralgebiet noch nicht deutlich gegen das Tergum abgegrenzt, so daß sich an der Abbildung, wie ich meine, die Frage nicht sicher entscheiden läßt. Da aber die Anhänge im Laufe des Puppenstadiums verkleinert werden und dann nicht mehr deutlich zu erkennen sind, muß versucht werden, ihren Ort durch andere Strukturen zu bestimmen. Diese müssen bereits zu einem Zeitpunkt vorhanden sein, zu dem die Anhänge noch deutlich erkennbar sind und an ihrem Ort bleiben, bis sich die Puppe so weit entwickelt hat, daß die Grenze zwischen dem Tergum und dem Pleuralgebiet deutlich sichtbar wird. Der Ort des Ansatzes der Anhänge ist bisher noch nicht bis in das Imaginalstadium verfolgt worden. Einen geeigneten Bezugsort bietet das zweite Stigmenpaar am Thorax. Es wird zu Beginn des Puppenstadiums intersegmental zwischen Meso- und Metathorax angelegt und bleibt in seiner Lage. Die Anhänge liegen mit ihrer Basis unmittelbar orad von den Stigmen und verdecken sie. Die Anhänge werden verkleinert. Ihr basaler Teil mündet in je eine Falte, die sich abschnürt. Diese Falte wird zum terminalen Lobus des Mesepimerons, der auch im Imaginalstadium das Stigma völlig verdeckt.

Wie aus der Lage des zweiten thorakalen Stigmas deutlich wird, setzt der Anhang im *ventralen* Bereich der Pleuren an. Nach SNODGRASS ist das Pleuralgebiet ein ungewöhnlicher Ort für die Bildung von Flügelanlagen. Immerhin hat aber TOWER (1903, S. 525) beobachtet, daß Flügelanlagen bei Käfern im *dorsalen* Bereich der Pleuren entstehen.

Es kann kein Zweifel bestehen, daß die Anhänge Bestandteile des *ventralen* Teils der Pleuren sind. Das spricht gegen ihre Deutung als Flügelanlagen.

3. Der histologische Bau

Der histologische Bau der Ausstülpungen zeigt keinerlei Strukturen, die einen Hinweis auf ihre Homologie mit Flügeln geben könnten. Auf dem das Stigma bedeckenden Lobus der ursprünglichen Falte wächst eine starke *Borste*, die auf dem Imaginalstadium dort persistiert. Auch dieser Umstand spricht gegen die Annahme, es könne sich um Flügelanlagen handeln. — So gibt denn auch das letzte Kriterium hierfür nichts her:

4. Das ontogenetische Schicksal

Das ontogenetische Schicksal der Anhänge wurde für *Ceratophyllus* oben schon in Erinnerung gebracht: Die mesothorakale Falte der Vorpuppe entwickelt sich zu einer fingerförmigen Ausstülpung an der Puppe. Dieser Anhang geht in das Mesepimeron auf. Sein Rest bildet einen Teil des ventralen Bereichs des Mesepimerons. Daher halte ich die Ausstülpungen nicht für Flügelanlagen. BEIER (1937, s. oben S. 177) hat mit seiner Ablehnung der Flügel-These recht, wenngleich seine Vermutung, es handle sich um Sklerite der Stigmen, nicht stimmt.

Damit erledigt sich auch der phylogenetische Aspekt: Aus den in Rede stehenden Gebilden lassen sich keine Anhaltspunkte für eine phylogenetische Ableitung der Flöhe aus einer anderen Ordnung der Holometabolen gewinnen. Daß die Flöhe dem Kreis der Holometabola angehören, ist unbestritten. Konkreteres kann aus den Anhängen nicht hergeleitet werden.

Es seien in diesem Zusammenhang zwei Äußerungen, beide getan in der Überzeugung, die Strukturen seien Flügelanlagen, einander gegenübergestellt. WEBER (1954, S. 317) nimmt die vermeintliche Beschränkung der Anlagen auf den Mesothorax als ein Indiz für die Dipteren-Verwandtschaft der Flöhe. SNODGRASS (1946,

S. 20) meint dagegen: „Since the wing vestiges occur only on the mesothorax, some will see in this fact evidence of the derivation of flea's from Diptera, but the structure of the flea's head, mouth parts, and male genitalia is not in conformity with such a deduction ... The hind legs and the metathorax are the parts most highly modified for leaping, so probably the metathoracic wings were the first to be lost, and are not known to be recapitulated in ontogeny."

Zu der Auffassung WEBERs sei bemerkt, daß das Auftreten der Anlagen — diese für sich betrachtet — auch am Metathorax nicht gegen nahe Beziehungen der Flöhe zu den Dipteren zu sprechen brauchte. Im Gegenteil, die viel schwächere Ausbildung am Metathorax und ihr früheres Verschwinden dort ließen sich in Einklang bringen mit der starken Reduktion des zweiten Flügelpaares bei den Dipteren. Nur — der Verbleib der Anhänge am Mesepimeron spricht gegen ihre Deutung als Flügelanlagen.

Zusammenfassung

1. SHARIF hat (1935) am Mesothorax der Puppen einiger Floh-Arten laterale Anhänge entdeckt und (1937) ihre Ontogenese bei *Nosopsyllus fasciatus* histologisch untersucht. Zugleich hat er festgestellt, daß diese Anhänge nicht bei allen Flöhen vorkommen. Seine seitdem allgemein akzeptierte Deutung, es handele sich um Flügelanlagen, wird in der vorliegenden Arbeit überprüft.

2. Es wurde mindestens ein Vertreter jeder in Deutschland vorkommenden Siphonapteren-Familie auf das Vorhandensein dieser pupalen Anhänge untersucht. Es ergab sich eine Kongruenz mit dem System: Alle untersuchten *Ceratophylloidea* haben diese Gebilde, die *Pulicidae* nicht.

3. Da die Puppen zur Sicherung ihrer Artzugehörigkeit durch Zucht gewonnen werden mußten, ergaben sich Einblicke in die Ansprüche der Larven und Puppen an ihre Umwelt, die bei den einzelnen Arten, vor allem in bezug auf die Luftfeuchtigkeit, sehr verschieden sein können. Die Zucht gelang bei allen Arten im selben Medium mit derselben Nahrung gleich gut: Gemisch von grobem Sand mit Blutmehl und Hefeflocken.

4. Eine Abhängigkeit der Fortpflanzungsfähigkeit vom physiologischen Zustand des Wirtes — etwa daß es Blut eines trächtigen Weibchens sein müßte, wie es für den Kaninchenfloh gilt — konnte mit Sicherheit für *Xenopsylla cheopis* und *Chaetopsylla globiceps* ausgeschlossen werden.

5. Die Verfügbarkeit von Puppen sicherer Artzugehörigkeit wurde für eidonomische und diagnostische Untersuchungen genutzt. Alle Puppen haben — bisher nicht beachtet — Borsten in spezifischer Anordnung. Es gibt verschiedene Strukturen, die, mit der Chaetotaxis, eine Diagnostik der Puppen erlauben.

6. Zur Klärung der wesentlichen Frage, ob die Ausstülpungen am Mesothorax mancher Puppen Flügelanlagen sind, wurde die Ontogenese

der Anhänge bei *Ceratophyllus gallinae* als Vertreter der *Ceratophylloidea* und *Xenopsylla cheopis* als Vertreter der *Pulicoidea* auf dicht einander folgenden Entwicklungsstufen der Larve III, der Vorpuppe und Puppe an allen Thoraxsegmenten histologisch verfolgt. — Die Resultate für *Ceratophyllus*:

7. Am Prothorax treten solche Differenzierungen nicht auf.

8. Am Mesothorax beginnt der Anhang sich etwa einen Tag nachdem die Larve sich eingesponnen hat (1 Tag alte Vorpuppe) zu bilden. Er entwickelt sich zu einer fleischigen Falte, die auf dem späten Stadium der Vorpuppe zu einer zipfelförmigen Ausstülpung der Epidermis auswächst. Auf dem Puppenstadium wird sie kleiner; der trotzdem lappenförmig bleibende Rest geht in das Mesepimeron ein und bedeckt das nun entstehende zweite Stigma.

9. Am Metathorax entsteht bei der Vorpuppe eine histologisch ausgeprägte, nach außen aber nicht hervortretende Falte, die dem mesothorakalen Anhang serial homolog ist. Mit der Entwicklung zur Puppe verschwindet sie wieder.

10. Resultate für *Xenopsylla*: Am Prothorax fehlen auch hier jederlei Differenzierungen.

11. Am Mesothorax und Metathorax entstehen bei der Vorpuppe lateral im Gewebe Falten, die denen bei *Ceratophyllus* entsprechen. Sie sind auf dem Puppenstadium aber schon wieder verschwunden.

12. Da die mesothorakale Ausstülpung der Puppe der *Ceratophylloidea* in das Mesepimeron eingeht, bedeckt der terminale Lappen dieses Sklerits auch bei der Imago das zweite Stigma. Bei den Imagines der Pulicidae, deren Puppen die Ausstülpung fehlt, liegt das Stigma frei.

13. Daß diese Bildungen nur an den beiden Segmenten des Thorax auftreten, die bei den anderen Holometabolen die Flügel tragen, fördert den Verdacht, sie könnten Flügelanlagen sein. Sie haben mit Flügeln aber nichts zu tun, weil sie Derivate der Pleuren sind und zu Bestandteilen der Mesepimeren werden. Sie weisen in ihrer maximalen Ausprägung — fingerförmige Ausstülpungen der mesothorakalen Epidermis — keinerlei Strukturen wie Flügeltracheen oder Adern auf. Dagegen wächst auf dem Lappen eine kräftige Borste, die dem Mesepimeron der Imago erhalten bleibt.

14. Im Bereich des Notum-Randes, des normalen Ortes für die Bildung von Flügeln, treten keinerlei Differenzierungen auf.

Summary

1. SHARIF (1935) discovered lateral appendages on the mesothorax of some pupae of the flea. In 1937 he histologically investigated their ontogeny in *Nosopsyllus fasciatus*. He also noticed that some flea pupae do

not have these appendages. This study examines his commonly accepted interpretation of these appendages as wing buds.

2. At least one species of each family of the Siphonaptera represented in Germany has been studied in order to determine whether it shows — or does not show — these appendages. A congruity has been established between the distribution of these appendages and the flea-system; while the Ceratophylloidea have the appendages, the Pulicidae do not have them.

3. The pupae had to be cultivated in order to determine with certainty to which species they belonged. It was discovered that different species need widely different degrees of relative atmospheric humidity. The most adequate substratum for the cultivation of the flea pupae proved to be a mixture of rough sand, powdered dry blood and yeast.

4. While *Spilopsyllus* has been observed to be dependant on the sexual cycle of the host, this does not appear to be the case with *Xenopsylla cheopis* and *Chaetopsylla globiceps*.

5. The pupae of various species of the flea were investigated. In all these pupae a particular arrangement of the setae was discovered — which had been neglected in former studies. This chaetotaxis is of help in determining the pupae.

6. The thoracic segments of *Ceratophyllus gallinae* (Ceratophylloidea) and *Xenopsylla cheopis* (Pulicoidea) has been histologically investigated in different states of ontogeny; third instar larva, prepupa and pupa, to ascertain whether we must consider the appendages of some flea pupae as wing buds or not. The results in *Ceratophyllus* are:

7. There are no such structures to be found in the prothorax.

8. On the mesothorax the development of the appendages begins roughly one day after the larva has spun its cocoon. They develop into a fleshy pair of folds. In the late prepupa, finger shaped outbulgings develop from the folds, which later on, in the pupal stage, incorporate into the mesepimeron and cover the developing second stigmata.

9. On the metathorax histological investigation shows a pair of folds scarcely to be seen from the outside, which are homologous to the folds of the mesothorax. They disappear in the further development of the pupa.

10. Results of the investigation of *Xenopsylla*: On the prothorax no comparable structures are to be seen.

11. On the mesothorax and metathorax in the prepupa phase lateral folds develop that resemble the folds on the prepupa of *Ceratophyllus*. In the pupal stage they have already disappeared.

12. Since the mesothoracic outbulgings of the pupae of the Ceratophylloidea incorporate into the mesepimeron, the terminal lobe of this,

too, covers the second stigma of the imago. In the imagines of the Pulicoidea, the pupae of which do not have the outbulgings, the second stigma is not covered by the mesepimeron.

13. The presence of pairs of folds only in the two segments of the thorax, which in the holometabola bear the wings, may be considered an argument for their being of the nature of wing buds. But they are derivatives of the pleurae and become parts of the mesepimera and in the stage of their maximal development — finger shaped outbulgings of the epidermis — they do not show any structures comparable to those of wings (wing — trachea etc.). Instead of these structures the lobe bears a stout bristle, which persists in the mesepimeron of the imago.

14. No structures are to be found in the suture between the pleurum and the tergum, the normal position for the development of wings.

Die Abkürzungen in der Beschriftung der Abbildungen

Anh	Anhang	*L*	Larve, larval
Bo	Borste	*Lob*	Lobus
Cut	Kutikula	*M*	Muskel
D	Darm	*Mes*	Mesepimeron
F	Falte	*N*	Bauchmark
Anh E	blindgeschlossenes Ende des Anhanges	*OGa*	Oberschlundganglion
		P	Puppe, pupal
Ga	Ganglion	*p*	Beinanlage
H	kutikulare Hülle der Ausstülpung	*Per*	Peripodialhöhle, hier immer ihr oberer Rand
Hy	Hypodermis	*Sti*	Stigma
Im	Imago, imaginal	*Tr*	Tracheen

Literatur

(* = die Arbeiten konnten nicht im Original eingesehen werden).

* BACOT, A.: A study of the bionomics of the common rat fleas and other species associated with human habitations, with special reference to the influence of temperature and humidity at various periods of the life history of the insects. J. Hyg. (Lond.) Plague suppl. 3 (1914).

BEIER, M.: Suctoria. In: KÜKENTHAL, Handbuch der Zoologie, Insecta 2, S. 1999—2039. Berlin 1937.

BRUCE, W. N.: Studies on the biological requirements of the cat flea. Ann. ent. Soc. Amer. 41, 346—352 (1948).

* BUXTON, P. A.: Experiments with mice and fleas. Parasitology 39, 119—124 (1948).

EDNEY, E. B.: Laboratory studies on the bionomics of the rat fleas, *Xenopsylla brasiliensis*, Baker and *X. cheopis*, Rothsch. I. Bull. ent. Res. 35, 399—416 (1945).

— Laboratory studies on the bionomics of the rat fleas, *Xenopsylla brasiliensis*. Baker and *X. cheopis*, Rothsch. II. Bull. ent. Res. 38, 263—280 (1947a).

— Laboratory studies on the bionomics of the rat fleas, *Xenopsylla brasiliensis*, Baker and *X. cheopis*, Rothsch. III. Bull. ent. Res. 38, 389—404 (1947b).

ELBEL, R. E.: Comparative studies on the larvae of certain species of fleas (Syphonaptera). J. Parasit. **37**, 119—128 (1951).
GEIGY, R., u. P. SUTER: Zur Copulation der Flöhe. Rev. suisse Zool. **67**, 206—210 (1960).
HEYMONS, R.: Die systematische Stellung der Puliciden. Zool. Anz. **22**, 223—240 (1899).
HOLLAND, G. P.: Evolution, classification, and host relationships of Siphonaptera. Ann. Rev. Entomol. **9**, 123—146 (1964).
HŮRKA, K., u. J. DOSKOCIL: Influence of relative atmospheric humidity on the survival of bat fleas (Aphaniptera, Ischnopsyllidae). Čas. Čes. Spol. Entomol. **58**, 111—116 (1961).
IOFF, I. G.: Die Fragen der Ökologie der Flöhe im Zusammenhang mit ihrer epidemologischen Bedeutung. Landes Vlg. Ordzhonikidze, Pjatigorsk (1941).
KARANDIKAR, K., R., and D. M. MUNSHI: Life history and bionomics of the cat flea *Ctenocephalides felis* Bouché. J. Bombay Nat. Hist. Soc. **49**, 169—177 (1950).
KLEIN, J.-M.: Contribution à l'étude morphologique externe des larves des puces. Bull. Soc. Ent. France **69**, 174—196 (1964).
LASS, M.: Beiträge zur Kenntnis des histologisch-anatomischen Baues des weiblichen Hundeflohes. Z. wiss. Zool. **79**, 73—181 (1905).
MEAD-BRIGGS, A. R., and RUDGE: Breeding of the rabbit flea, *Spilopsyllus cuniculi* (Dale): Requirement of a 'factor' from a pregnant rabbit for ovarian maturation. Nature (Lond.) **187**, 1136—1137 (1960).
MELLANBY, K.: The influence of temperature and humidity on the pupation of *Xenopsylla cheopis*. Bull. ent. Res. **24**, 197—202 (1933).
PEUS, F.: Über den Krähenfloh, *Ceratophyllus rossittensis* Dampf, nebst Bemerkungen über die Wechselbeziehungen zwischen Vogelfloh und Vogel. Z. Parasitenk. **11**, 371—390 (1940).
— Aphaniptera, Flöhe. In: E. MARTINI, Lehrbuch der medizinischen Entomologie, 4. Aufl., 161—181. Jena 1952.
— Flöhe. Die Neue Brehm-Bücherei, 98 (1953).
RICHARDS, A. G.: The Integument of Arthropods. Minneapolis 1951.
ROMEIS, B.: Mikroskopische Technik. München 1948.
ROTHSCHILD, M., and B. FORD: Breeding of the rabbit flea (*Spilopsyllus cuniculi* Dale). Nature (Lond.) **201**, 103—104 (1964).
SHARIF, M.: On the presence of wing buds in the pupa of Aphaniptera. Parasitology **27**, 461—464 (1935).
— On the internal anat. of the larva of the rat-flea (*Nosopsyllus fasciatus*). Phil. Trans. B **227**, 465—538 (1937a).
— On the life history and the biology of rat-flea *Nosopsyllus fasciatus*. Parasitology **29**, 225—238 (1937b).
*— Nutritional requirements of flea larvae, and their bearing on the specific distribution and host preferences of the three Indian species of *Xenopsylla* (Siphonaptera). Parasitology **38**, 253—263 (1948a).
*— The water relations of the larvae of *X. cheopis* (Siphonaptera). Parasitology **39**, 148—155 (1948b).
*— Effects of constant temperature and humidity on the development of the larvae and the pupae of the three Indian species of *Xenopsylla* (Insecta, Siphonaptera). Phil. Trans. B **233**, 581—635 (1949).
SIKES, E.: Notes on breeding fleas, with reference to humidity and feeding. Parasitology **23**, 243—249 (1931).
SNODGRASS, R. E.: The skeletal anatomy of fleas (Siphonaptera). Smithson. Misc. Coll. **104**, Nr 18 (1946).

Tower, W. L.: The origin and development of the wings of Coleoptera. Zool. Jb., Abt. 2, **17**, 517—567 (1903).
Wagner, J.: Aphaniptera. In: Bronns Klassen und Ordnungen des Tierreiches, V, Abt. 3, 13, 1—144.
Wasserburger, H. J.: Beiträge zur Histologie und mikroskopischen Anatomie von *Xenopsylla cheopis* Rothschild. Dtsch. ent. Z., N.F. **8**, 373—414 (1961).
Weber, H.: Grundriß der Insektenkunde, 3. Aufl. Stuttgart 1954.
Weidner, H.: Beiträge zur Kenntnis der Biologie des Fledermausflohes *Ischnopsyllus hexactenus* Kol. Z. Parasitenk. **9**, 543—548 (1937).
* Zhovtvi, I., F., and G. J. Vasil'ev: Rodent self-defleaing. Dokl. Irkutsk Protivochumnogo Inst. **4**, 150—160 (1962).
Zwölfer, W.: Methoden zur Regulierung von Temperatur und Luftfeuchtigkeit. Z. angew. Entomol. **19**, 498 (1932).

Dr. Hans-Walter Poenicke
7521 Untergrombach
Weingartener Str. 91

Lebenslauf

Am 13. Juni 1934 wurde ich als Sohn des Kaufmanns Otto Poenicke und seiner Ehefrau Käthe, geb. Fay, in Jork, Kreis Stade, geboren. 1940 kam ich, nachdem meine Eltern nach Berlin gezogen waren, an die 5. Volksschule in Berlin-Baumschulenweg. 1944 wurde ich in die Zeppelin-Oberschule in Berlin-Schöneweide aufgenommen. Nach einer — durch Evakuierung bedingten — Unterbrechung besuchte ich wieder diese Schule und wechselte 1952 auf die Menzelschule in Berlin-Tiergarten über, an der ich 1955 mein Abitur machte. Im Sommersemester 1955 wurde ich an der Freien Universität Berlin immatrikuliert. Am 24. April 1961 legte ich in Berlin die Erste (Wissenschaftliche) Staatsprüfung in Biologie, Geographie und Philosophie sowie Pädagogik ab. Am 21. Dezember bestand ich die Erweiterungsprüfung in Chemie. Im April 1962 wurde ich Studienreferendar in Oldenburg i.O., wo ich 1964 die Zweite (Pädagogische) Staatsprüfung ablegte. Danach kehrte ich nach Berlin zurück und begann meine Dissertation bei meinem Doktorvater, Herrn Prof. Dr. F. Peus.

Meine Lehrer an der Freien Universität Berlin waren in Biologie: Prof. Dr. H. Drawert, Prof. Dr. Th. Eckardt, Prof. Dr. K. Günther, Prof. Dr. K. Herter, Prof. Dr. H. Kemper, Prof. Dr. H. Luers, Prof. Dr. F. Peus, Frau Prof. Dr. Ch. Thielke, Prof. Dr. W. Ulrich, Prof. Dr. E. Werdermann, Dr. G. Schulze und Dr. Bärner; in Chemie: Prof. Dr. W. Broser, Prof. Dr. K. F. Jahr, Prof. Dr. W. Lautsch, Prof. Dr. K. Ueberreiter; in Geographie: Prof. Dr. E. Fels, Prof. Dr. G. Jensch, Prof. Dr. Meckelein, Dr. Schroeder, Prof. Dr. H. Schultze und Prof. Dr. H. Valentin; in Philosophie Frau Prof. Dr. K. Kanthack und in Pädagogik Prof. Dr. G. Müller.

MIX
Papier aus verantwortungsvollen Quellen
Paper from responsible sources
FSC® C105338

If you have any concerns about our products,
you can contact us on
ProductSafety@springernature.com

In case Publisher is established outside the EU,
the EU authorized representative is:
**Springer Nature Customer Service Center GmbH
Europaplatz 3, 69115 Heidelberg, Germany**

Printed by Libri Plureos GmbH
in Hamburg, Germany